用于国家职业技能鉴定

国家职业资格培训教程

GUOJIA ZHIYE ZIGE PEIXUN JIAOCHENG

YONGYU GUOJIA ZHIYE JINENG JIANDING

数控程序员

（技　师）

编 审 人 员

主　编　　刘增文

副主编　　李　举

编　者　　任小平　　练军峰　　刘世达　　王灿运　　刘如一

　　　　　王　涛　　王再兴　　王顺强　　丁文花　　张　丽

　　　　　吴　铎　　张茂炎　　王再海　　李　杰

主　审　　刘逢时

中国劳动社会保障出版社

图书在版编目（CIP）数据

数控程序员：技师/人力资源和社会保障部教材办公室组织编写. —北京：中国劳动社会保障出版社，2016

国家职业资格培训教程

ISBN 978 - 7 - 5167 - 2865 - 9

Ⅰ.①数… Ⅱ.①人… Ⅲ.①数控机床-程序设计-技术培训-教材 Ⅳ.①TG659

中国版本图书馆 CIP 数据核字（2016）第 323317 号

中国劳动社会保障出版社出版发行

（北京市惠新东街 1 号 邮政编码：100029）

*

北京北苑印刷有限责任公司印刷装订 新华书店经销

787 毫米×1092 毫米 16 开本 14.75 印张 256 千字

2016 年 12 月第 1 版 2016 年 12 月第 1 次印刷

定价：35.00 元

读者服务部电话：(010) 64929211/64921644/84626437

营销部电话：(010) 64961894

出版社网址：http://www.class.com.cn

前　言

为推动数控程序员职业培训和职业技能鉴定工作的开展，在数控程序员从业人员中推行国家职业资格证书制度，人力资源和社会保障部教材办公室组织有关专家，编写了数控程序员国家职业资格培训系列教程。

数控程序员国家职业资格培训系列教程紧贴《标准》要求，内容上体现"以职业活动为导向、以职业能力为核心"的指导思想，突出职业资格培训特色；结构上针对数控程序员职业活动领域，按照职业功能模块分级别编写。

数控程序员国家职业资格培训系列教程共包括《数控程序员（基础知识)》《数控程序员（高级)》《数控程序员（技师)》3 本。《数控程序员（基础知识)》内容涵盖《标准》的"基本要求"，是各级别数控程序员均需掌握的基础知识；其他各级别教程的章对应于《标准》的"职业功能"，节对应于《标准》的"工作内容"，节中阐述的内容对应于《标准》的"能力要求"和"相关知识"。

本书是数控程序员国家职业资格培训系列教程中的一本，适用于对数控程序员技师的职业资格培训，是国家职业技能鉴定推荐辅导用书，也是数控程序员技师职业技能鉴定国家题库命题的直接依据。

本书在编写过程中得到山东大学机械工程学院、山东技师学院、山东劳动职业技术学院、德州学院、济南职业学院、淄博技师学院等单位的大力支持与协助，在此一并表示衷心的感谢。

目　录

CONTENTS　国家职业资格培训教程

第1章

工艺设计基础

第1节　多轴数控加工设备特点及应用

 **学习目标**

1. 掌握多轴数控加工设备的分类及加工原理。
2. 了解多轴数控铣床的特点及应用。
3. 了解车铣复合数控机床的特点及应用。

 **知识要求**

一、数控加工设备的分类方法

数控机床是数字控制机床（Computer numerical control machine tools）的简称，是一种装有程序控制系统的自动化机床。

该控制系统能够逻辑地处理具有控制编码或其他符号指令规定的程序，并将其译码，用代码化的数字表示，通过信息载体输入数控装置。经运算处理由数控装置发出各种控制信号，控制机床的动作，按图样要求的形状和尺寸，自动地将零件加工出来。数控机床较好地解决了复杂、精密及多品种小批量零件的加工问题，是一种柔性的、高效能的自动化机床，代表了现代机床控制技术的发展方向，是一种典型的机、电、液、气一体化产品。

数控加工机床种类繁多，分类方式也不尽相同，归纳起来主要有以下几种分类方式：

1. 按工艺用途分类

金属切削类数控机床分别有数控车床、数控铣床、数控磨床、数控镗床、加工中心以及其他数控机床。这些机床的动作与运动都是数字化控制，具有较高的生产效率和自动化程度，特别是加工中心，它是一种带有自动换刀装置，能进行钻削、铣削、镗削加工的复合型数控机床。加工中心分为车削中心、铣削中心、磨削中心等，还包括在加工中心上增加交换工作台以及采用主轴或工作台进行立、卧转换的五面体加工中心。

2. 按控制方式分类

（1）开环控制系统

开环控制系统是指机床没有位置检测反馈装置的控制方式，如图1—1所示。其特点是机床结构简单、价格低廉，但难以实现运动部件的精确和快速控制。开环控制系统广泛应用于步进电动机低转矩、低精度、速度中等的小型设备的驱动控制中，特别是在微电子生产设备中使用比较广泛。

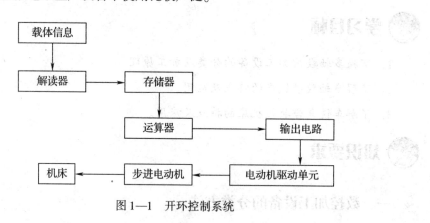

图1—1　开环控制系统

（2）半闭环控制系统

半闭环控制系统是指在电动机轴或丝杠的端部装有角位移、角速度检测装置，将监测数据通过位置检测反馈装置反馈给数控装置的比较器，与输入指令进行比较，用差值来继续控制机床的运动部件，直到达到位置要求，如图1—2所示。该系统的特点是调试方便，系统有良好的稳定性，结构紧凑，但是机械传动链的误差无法得到校正或消除。目前采用滚珠丝杠螺母机构有较好的传动精度和精度保持性，通过采取可靠的消除反向运动间隙的机构，可以满足大多数数控机床用户的需求，因此被广泛地采用且成为用户首选的控制方式。

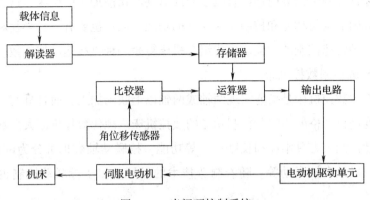

图1—2 半闭环控制系统

（3）闭环控制系统

闭环控制系统是在机床最终运动部件的相应位置安装直线或回转式位置检测装置，将直接测量到的直线位移或角位移数据反馈到数控装置的比较器中，与输入指令位移量进行比较，用差值来控制运动部件，如图1—3所示。该系统的优点是将机械传动链的全部环节都包含在闭环内，理论上机床的精度就取决于检测装置的精度，定位精度超过开环控制系统和半闭环控制系统。缺点是价格昂贵，对机构和传动链精度要求严格，不然会引起振荡，降低系统的稳定性。

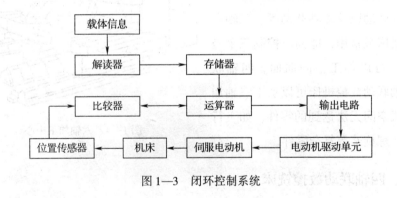

图1—3 闭环控制系统

3. 按控制运动方式分类

（1）**点位控制数控机床**

点位控制数控机床是指能控制刀具相对于工件的精确定位控制系统，而在相对运动的过程中不能进行任何加工。这类机床通过采用分级或连续降速、低速趋近目标点的方式来减小运动部件的惯性过冲而引起的定位误差，包括数控钻床、数控冲床等。

（2）**直线运动控制数控机床**

直线运动控制数控机床是指控制机床工作台或刀具以要求的进给速度，沿平行于某一坐标轴或两轴的方向进行直线或斜线移动和切削加工的机床。这类数控机床要求具有准确的定位功能和控制位移速度的功能，而且也要有刀具半径和长度补偿功能以及主轴转速控制的功能。现代组合机床算是一种直线运动控制数控机床。

（3）轮廓控制数控机床

轮廓控制数控机床是指能实现两轴或两轴以上联动加工，而且具有对各坐标的位移和速度进行严格的不间断控制功能的数控机床。现代数控机床大多数有两坐标或以上联动控制、刀具半径和长度补偿等功能。按联动轴数也可分为两轴、三轴、四轴、五轴以及多轴联动等。随着制造技术的发展，多坐标联动控制也越来越普遍。

数控机床的可控轴数是指机床数控装置能够控制的坐标数量。数控机床可控轴数与数控装置的运算处理能力、运算速度及内存容量等有关。目前，我国数控装置可控轴数多达 50 轴、联动轴多达 9 轴，如图 1—4 所示为六轴加工中心。

数控机床的联动轴数是指机床数控装置可同时进行运动控制的坐标轴数。目前有两轴联动、三轴联动、四轴联动、五轴联动以及多轴联动等。三轴联动数控机床最常用，能同时控制三个坐标联动，可以加工空间曲面。四轴联动、五轴联动数控机床可以加工三轴加工干涉或空间无法达到的零件，如飞行器叶轮、螺旋桨等复杂零件。

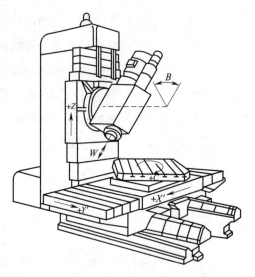

图 1—4　六轴加工中心

二、四轴联动数控铣床

四轴联动数控铣床除了三个移动轴 X、Y、Z 外，还增加了一个旋转轴来实现四轴联动加工，主要用来加工三轴无法加工或三轴需多次定位装夹才能完成的零件，如圆柱凸轮、箱体四个侧面孔位加工等。四轴联动数控机床主要有两种形式，一种是在三轴数控铣床或加工中心上附加具有一个旋转轴的数控转台来实现四轴联动加工，即所谓 3+1 形式的四轴联动机床。对于立式铣床或加工中心，要增加一个卧式回转工作台；对于卧式铣床或加工中心，要增加一个立式回转工作台，如图 1—5 所示。这类四轴联动数控机床的特点如下：

1. 价格相对低廉，由于数控转台是一个附件，所以用户可以根据需要选配。

2. 装夹方式灵活，用户可以根据工件的形状选择不同的附件，既可以选择三爪自定心卡盘装夹，也可以选配四爪单动卡盘或花盘装夹。

3. 拆卸方便，用户在利用三轴加工较大工件时，可以把数控转台拆卸下来；当需要四轴加工时可以很方便地把数控转台安装在工作台上进行四轴联动加工。

 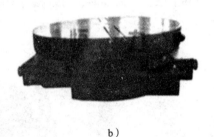

a)   b)

图 1—5 单轴转动辅助回转工作台

a) 卧式回转工作台   b) 立式回转工作台

另外一种四轴联动数控机床是机床出厂之前，由生产商将旋转轴设计到数控机床中。这类机床一般有两种情况，一种是将旋转轴放在工作台的回转中心，如图 1—6 所示；还有一种四轴联动数控机床是将旋转轴放在主轴的摆动中心上，如图 1—7 所示。

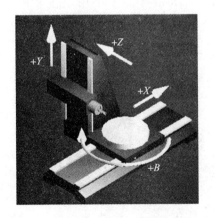 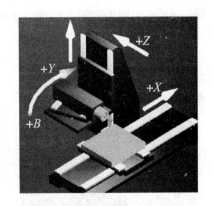

图 1—6 旋转工作台四轴联动数控机床   图 1—7 摆动主轴四轴联动数控机床

三、五轴联动数控机床

五轴联动数控机床是在三个移动轴 X、Y、Z 的基础上增加了两个旋转轴来实

5

现五轴联动加工的。五轴联动数控机床主要有两种形式，一种是在三轴数控铣床或加工中心上附加具有两个旋转轴的数控转台来实现五轴联动加工，即所谓 3＋2 形式的五轴联动机床。对于数控铣床或加工中心，无论是立式还是卧式结构，都要增加带有两个旋转轴的回转工作台。一个旋转轴用于辅助工作台的翻转，另一个旋转轴用于辅助工作台的旋转，如图 1—8 所示。这类五轴联动数控机床的特点是价格相对低廉，装夹方式灵活，拆卸方便，用户在利用三轴加工大工件时，可以把数控转台拆卸下来；当需要时，可以很方便地把数控转台安装在工作台上进行四轴或五轴联动加工。

图 1—8　双轴转动辅助工作台

还有一种五轴联动数控机床是机床出厂之前，由生产商将旋转轴设计到数控机床中，五轴联动数控机床的旋转轴一般有以下三种情况：

1. 两个旋转轴都放在主轴上，即 Head – Head 型。一个用于主轴的分度（C 轴），另一个用于主轴的摆动（A 轴/B 轴），如图 1—9 所示。这类机床的特点

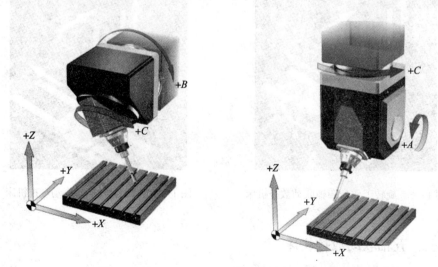

图 1—9　Head – Head 型五轴联动数控机床的结构

是加工零件的尺寸较大，设备承载量大，
如龙门式五轴联动数控铣床或加工中心，
如图 1—10 所示。

2. 两个旋转轴分别放在主轴和工作台
上，即 Head – Table 型。一个旋转轴用于工
作台的旋转（C 轴），另一个旋转轴用于主
轴的摆动（A 轴/B 轴），如图 1—11 所示。
例如，德玛吉生产的 DMU80P 型机床如图
1—12 所示，其主轴可以从垂直摆动到水

图 1—10　龙门式五轴联动数控铣床

平，实现立卧转换，工作台绕垂直旋转轴可以 360°旋转，从而实现五轴联动数控
加工。

图 1—11　Head – Table 型五轴联动
数控机床的结构

图 1—12　DMU80P 型机床的结构

3. 将两个旋转轴都放在工作台上，一个旋转轴用于工作台的旋转（C 轴），另
一个旋转轴用于工作台的翻转（A 轴/B 轴），即 Table – Table 型，如图 1—13 所
示。这类结构的特点是刀轴方向不动，刀具旋转平稳，但两个旋转轴都放在工作台
上，工件加工过程中随工作台一起转动，必须考虑装夹和承重问题，而且能加工的
工件尺寸较小，如德玛吉生产的 DMU70V 型机床如图 1—14 所示。用于翻转的旋
转轴与工作台面在空间上成 45°角，这样可以充分利用空间，如图 1—15a 所示。旋
转轴可以 360°旋转，而翻转轴只能 180°旋转，翻转 180°后工作台面与水平面成 90°
角，如图 1—15b 所示。

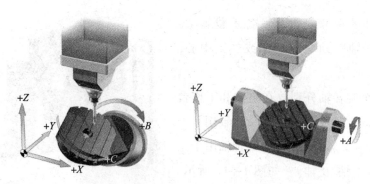

图1—13　Table–Table型五轴联动数控机床的结构

图1—14　DMU70V型机床的结构

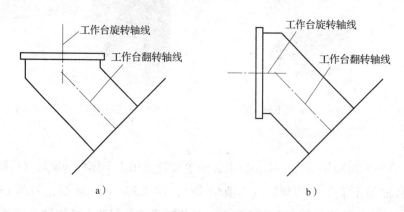

a）　　　　　　　　　　　　　　　　　b）

图1—15　DMU70V型机床旋转轴空间布局

a）工作台翻转轴旋转0°　b）工作台翻转轴旋转180°

四、并联多轴联动数控机床

传统机床一般采用串联结构，存在悬臂部件，不易获得高的结构刚度。同时，串联结构组成环节多，限制了加工精度、加工速度以及控制轴数的增加。五轴以上联动数控机床一般采用并联结构，并联机床的主轴（动平台）与机座（静平台）之间采用并联结构，如图 1—16 所示。它没有滑台和导轨，只有几根可自由伸缩的驱动杆带动主轴箱、刀具或工件在空间运动，由计算机通过复杂的数学运算完成加工路径的计算。并联机床的特点如下：承载能力强，响应速度快，定位精度高，机械结构简单，空间容易布置，使用寿命长，易于模块化生产，适应性好等，是一种"硬件"简单、"软件"复杂、技术附加值高的产品。

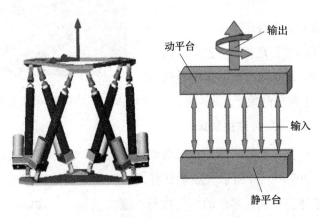

图 1—16　并联结构

由欧盟开发的第一台 Hexa 6X 高速并联数控机床如图 1—17 所示。

由德国斯图加特大学开发的 Linapod 并联立式加工中心如图 1—18 所示。

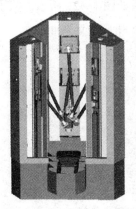

图 1—17　Hexa 6X 高速并联数控机床　　　　图 1—18　Linapod 并联立式加工中心

五、车铣复合数控机床

1. 三轴联动车铣复合数控机床

车铣复合数控机床是在数控车床的基础上发展而来的，它与数控车床最大的区别如下：其坐标在数控车床原来两个轴（X轴、Z轴）的基础上，又增加了C轴，其主轴不仅具有旋转功能，而且具有分度功能；刀库增加了动力装置，不仅装夹车刀，还可以装夹铣刀、钻头、镗刀等，如图1—19所示。车铣复合数控机床除了具有数控车床的功能外，还能够完成铣削、钻孔、铰孔、镗孔、攻螺纹等加工任务。三轴联动车铣复合数控机床是最基本的车铣复合机床，除了能像数控车床一样车削复杂曲面的回转体外，还能在XZ平面内加工回转零件的端面及在圆柱面上进行孔加工、铣槽、加工圆柱凸轮等。

图1—19　三轴联动车铣复合数控机床坐标系

2. 四轴联动车铣复合数控机床

四轴联动车铣复合数控机床是在三轴联动车铣复合数控机床的基础上又增加了Y轴，其坐标系如图1—20所示。除了具有三轴联动车铣复合数控机床的功能外，还能加工小型箱体，在回转零件的端面进行三维曲面加工，在圆柱面上铣削圆柱、凸台等。

3. 五轴联动车铣复合数控机床

五轴联动车铣复合数控机床是在四轴联动车铣复合数控机床的基础上又增加了旋转轴B，其坐标系如图1—21所示。除了具有四轴联动车铣复合数控机床的功能外，还能加工叶轮、叶片等复杂曲面。

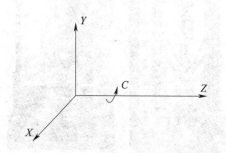

图1—20　四轴联动车铣复合
数控机床坐标系

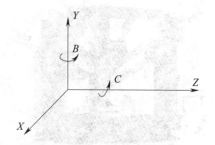

图1—21　五轴联动车铣复合
数控机床坐标系

五轴联动车铣技术是一种在传统机械设计技术和精密制造技术基础上，集成了现代先进控制技术、精密测量技术和CAD/CAM应用技术的先进机械加工技术。这种加工技术的实质是一种基于现代科学技术和现代工业技术的工艺创新并引发相关产业工艺进步和产品质量提升的新技术。五轴联动车铣复合数控机床是五轴车铣复合加工技术的载体，是一种以车削功能为主，并集成了铣削和镗削等功能，至少具有三个直线进给轴和两个圆周进给轴，一般配有自动换刀系统的机床的统称。这种车铣复合加工中心是在三轴车削中心基础上发展起来的，相当于一台车削中心和一台加工中心的复合。因此，可以在一台车铣复合加工中心上经过一次装夹，完成全部车削、铣削、钻削、镗削、攻螺纹等加工，其工艺范围之广和能力之强，已成为当今复合加工机床的佼佼者，是世界范围内最先进的机械加工设备之一。

　　除此之外，车铣复合数控机床还出现了双主轴、双刀塔甚至三刀塔的车铣复合数控加工中心，以提高加工的效率和复杂零件加工的精度，如图 1—22 所示为 DMG（德玛吉）生产的双主轴车铣中心 CTXgamma2000。

图 1—22　DMG 生产的双主轴车铣中心 CTXgamma2000

　　综上所述，数控机床的种类繁多，控制轴数从三轴、四轴、五轴到几十轴不等，本书主要介绍四轴、五轴铣削加工及车铣复合加工机床的编程。

六、多轴数控机床的坐标系统

　　数控机床的坐标系统包括坐标系、坐标原点和运动方向，对于数控加工和数控编程而言，是一个十分重要的概念。每一个数控编程员和数控机床的操作者都必须对数控机床的坐标系有一个完整且正确的理解；否则，编制程序将产生错误，操作机床会不规范乃至发生事故。

1. 坐标轴的定义

　　数控机床的坐标系采用右手直角笛卡儿坐标系，其基本坐标轴为 X、Y、Z 直角坐标，相对于每个直角坐标轴的旋转运动坐标为 A、B、C，如图 1—23 所示。

A 轴是绕 X 轴的旋转轴，B 轴是绕 Y 轴的旋转轴，C 轴是绕 Z 轴的旋转轴。四轴联动数控机床是在三个直线坐标轴 X、Y、Z 的基础上增加了一个旋转坐标轴，五轴数控机床是在三个直线坐标轴 X、Y、Z 的基础上增加两个旋转坐标轴，具体增加哪一个或哪两个旋转轴是由数控机床的结构决定的。

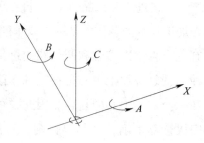

图 1—23　直角坐标系

2. 坐标轴的运动及方向

数控机床坐标轴的运动及方向都有明确的规定，不论机床的具体结构是工件静止、刀具运动，还是工件运动、刀具静止，数控机床的坐标运动都是指刀具相对于工件的运动，即把工件看作静止的，把刀具看作运动的。

数控机床坐标轴的运动方向规定：Z 轴为平行于机床主轴的坐标轴，其正方向定义为从工作台到刀具夹持的方向，即刀具远离工作台的方向，如图 1—24 所示。X 轴定义为垂直于机床主轴的水平面内平行于工件装夹平面的坐标轴方向，其正方向是操作者面对机床（立式机床）时伸平右手所指的方向，它是数控机床的主要切削和运动方向，因此，此方向也称为主方向。Y 轴定义为垂直于机床主轴的水平面内垂直于 X 轴的坐标轴方向，其正方向是操作者面对机床（立式机床）时面朝前的方向。

图 1—24　机床坐标轴方向

在直角坐标系中，根据右手法则，在 XY 平面内当弯曲的四指由 X 坐标轴指向 Y 坐标轴时，拇指所指的方向即为 Z 轴的正向，如图 1—25 所示。同理，在 YZ 平面内当弯曲的四指由 Y 坐标轴指向 Z 坐标轴时，拇指所指的方向为 X 轴的正向；在 ZX 平面内当弯曲的四指由 Z 坐标轴指向 X 坐标轴时，拇指所指的方向为 Y 轴的正向。

　　旋转轴的方向也是由右手法则确定的，右手握住 Z 轴，拇指指向 Z 轴的正向，四指弯曲的方向即为绕 Z 轴旋转的坐标轴 C 的正向，如图 1—26 所示。同理，右手握住 X 轴，拇指指向 X 轴的正向，四指弯曲的方向即为绕 X 轴旋转的坐标轴 A 的正向；右手握住 Y 轴，拇指指向 Y 轴的正向，四指弯曲的方向即为绕 Y 轴旋转的坐标轴 B 的正向。

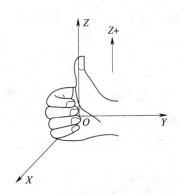 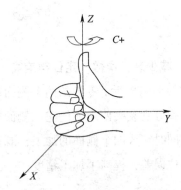

图 1—25　直角坐标轴方向确定　　　　图 1—26　旋转坐标轴方向确定

 技能要求

一、多轴数控加工的特点

　　多轴数控铣削加工是在三轴数控铣削加工的基础上发展而来的，四轴数控铣削加工是在原来三个移动轴的基础上又增加了一个旋转轴，五轴数控铣削加工是在原来三个移动轴的基础上又增加了两个旋转轴。车铣复合加工是在数控车床的基础上，刀库增加了动力装置，不仅能完成数控车削功能，而且刀库还能放置铣刀、钻头、铰刀、镗刀等刀具，这些刀具在动力装置的带动下能够旋转，可进行铣削加工或孔的加工。

　　多轴数控加工的主要特点如下：

1. 能加工复杂零件

使用五轴机床进行加工时，刀具可到达性好，可以加工三轴机床无法加工到的部位，如图 1—27 所示，避免因使用三轴机床加工而产生的刀具干涉或过切的现象。

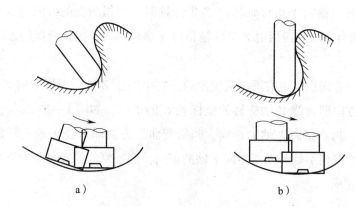

图1—27 多轴及三轴加工情况

a）多轴 b）三轴

2. 减少装夹次数，定位精度高

如图1—28所示零件的四个侧面都要求加工，在三轴机床上加工时，需要通过工艺装备分别装夹四次才能完成侧面的加工，而在四轴、五轴数控机床上，装夹一次即可同时完成四个侧面的加工，既提高了生产效率，节约了加工时间，又减小了装夹定位误差，提高了加工精度。

图1—28 一次装夹可加工五个面

3. 加工效率高

对于图1—29所示的棱锥体零件，在三轴数控机床上，一般用球头刀或立铣刀通过分层加工的方式将锥面加工出来，为了确保锥面的加工精度和表面质量，每次切削层厚度很小，因此加工时间长，加工效率低。在五轴数控机床上，通过摆动刀具或工件，使刀具侧刃与锥面重合，一次或几次走刀即可完成锥面的加工，大大节约了时间，提高了加工效率。

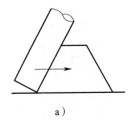
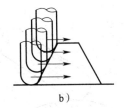

图 1—29　加工效率对比

a）五轴　b）三轴

4. 提高加工的刚度

如图 1—30 所示为陡峭壁面的加工，在三轴数控机床上只有通过增加刀杆长度来避免干涉现象，如图 1—30b 所示；在多轴数控机床上，可以使用更短的刀具完成陡峭壁面的加工，因此提高了加工的刚度，从而提高了加工的效率和精度，如图 1—30a 所示。

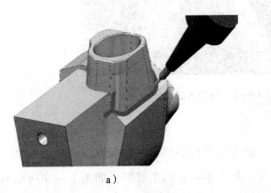

图 1—30　加工刚度对比

a）多轴加工　b）三轴加工

5. 改变球头刀的切削点，提高表面质量

用球头刀在三轴数控机床上加工类似球面的曲面时，在曲面不同的加工位置上，刀具与曲面的接触点会发生变化，当球头刀的轴线与球面半径重合时（球面的最高点），刀具的线速度接近零，切削能力最差，表面质量不高。用多轴机床加工球面时，可以通过控制刀轴，使刀具的切削线速度保持恒定，提高加工的效率和表面质量，如图 1—31 所示。

6. 清角彻底

利用多轴数控机床，结合特定刀具可以清理三轴数控机床无法加工的死角，尤其是在模具加工中，避免使用电加工或手工清角，提高了加工的精度和效率，如图 1—32 所示。

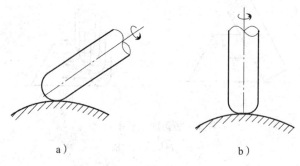

a)   b)

图1—31   多轴机床可改变刀具切削点

a) 多轴   b) 三轴

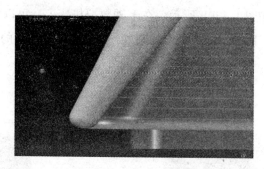

图1—32   使用多轴机床清角

7. 提高加工精度

加工某些直纹面时，利用三轴机床进行层切加工的位置，可利用五轴联动机床侧铣加工，大大提高了表面质量，几乎不需要钳工修磨，如图1—29所示就是其中一例。

二、四轴铣削加工应用

四轴数控加工是在三轴数控加工的基础上增加了一个转动轴，除了能完成三轴数控加工的所有功能外，还能完成以下加工：

1. 圆柱凸轮加工

圆柱凸轮是一个在圆柱面上开有曲线凹槽或在圆柱端面上加工出曲线轮廓的构件，它可以看作将移动凸轮卷成圆柱体演化而成的，一般采用四轴联动数控机床铣削。圆柱凸轮槽是按一定规律环绕在圆柱面上的等宽槽，当要加工的圆柱凸轮的槽宽尺寸较大时，很难找到直径与槽宽相等的标准刀具，还受机床主轴输出功率、工艺装备和夹具刚度的限制，特别是机床主轴结构对刀具的限制，所以很难一次走刀完成加工。采用四轴联动数控机床铣削此类凸轮槽可满足使用要求，凸轮槽与滚子从动件配合良好，运动平稳，如图1—33所示。

2. 箱体或四面体加工

卧式四轴加工中心的主轴轴线与工作台面平行。它的工作台大多为可分度的回转台或由伺服电动机控制的数控回转台，在工件的一次装夹中通过旋转工作台可实现多面加工。如果工作台为数控回转台，还可参与机床各坐标轴的联动，实现螺旋线加工。卧式加工中心适用于加工箱体类零件及小型模具型腔，是加工中心中种类最多、规格最全、应用范围最广的一种。其缺点是占地面积大，结构复杂，调试程序及试切时不易观察，生产时不易监控，装夹及测量不方便，加工深孔时切削液不易到位（若没有内冷却钻孔装置）等。卧式四轴加工中心的加工准备时间比立式的长，但加工件数越多，其多工位加工精度越高、定位误差越小等优势就非常明显，因此适用于批量加工。尤其是加工箱体类零件时，对称的两端面及孔不需二次装夹，可以很方便地保证对称度及同轴度要求，如图1—34所示。

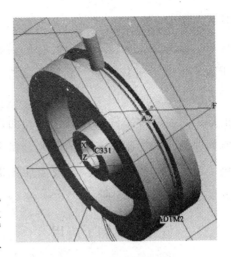

图1—33 圆柱凸轮的加工

图1—34 用卧式回转台四轴数控机床加工箱体类零件

3. 简单叶片加工

叶片是典型的机械零件，广泛地应用于航空、水利、船舶等行业。叶片加工的方法有铸造、电火花加工、精密锻造、数控铣削加工等，若采用四轴联动数控铣削加工，因有较短的生产周期和良好的加工质量等优点，成为加工中、小批量叶片的首选方法。由于数控机床正向着高速、高精、高柔性、复合化的方向发展，故适用于精度高、形状复杂的零件的加工。而叶片零件精度高，其型面多为复杂的空间曲面，需要制造专用的工艺装备和夹具，成批生产时要求精确复制，对数控加工提出了很高的要求，如图1—35所示。

图1—35　简单叶片模型

三、五轴铣削加工应用

五轴数控加工是在三轴数控加工的基础上增加了两个转动轴，除了能完成三轴、四轴数控加工的所有功能外，还能完成以下加工：

1. 复杂箱体加工

使用五轴数控机床铣削复杂箱体类零件时，可一次装夹加工出五个面的主要表面和孔，可以保证支承轴承孔的尺寸、形状和位置精度；确保孔和孔、孔与平面的位置精度以及倾斜部位的加工等，可完成铣削、钻削、铰削、镗削、攻螺纹等加工，能保证精度及效率要求，如图1—36所示。

图1—36　用五轴数控机床铣削复杂箱体类零件

2. 复杂叶片或整体叶轮加工

整体叶轮是典型的航空航天复杂零件，是燃气发动机中的一种关键零件，其作用是利用外界供给的机械功连续不断地将气体压缩并传输出去。气体经进气管进入工作轮，工作轮的叶片因受到压缩气体的作用力而增加速度。因此对叶轮的要求有两个：一是气体流过叶轮的损失要小，即气体流经叶轮的效率要高；二是叶轮形式能使整机性能曲线的稳定工况区及高效区范围较宽，好的外形构造是发挥叶轮性能的保证。在设计过程中，叶片的数量和外形轮廓需要经过多次修改，配合发动机试车后的性能优化得以确定。整体叶轮的加工一直是机械加工中长期困扰人们的技术难题，在叶片之间有大量的材料需要去除，为了使叶轮满足气动性的要求，叶片常采用大扭角、根部变圆角的结构，这都给叶轮的加工提出了较高的要求。普通的叶轮加工往往采用铸造成形，然后再经机械加工成形；或者单独加工叶片，然后将叶片与轮毂焊接，再通过打磨、抛光使其外观平滑。这些方法的技术含量低，做出来的叶轮曲面精度难以保证，表面质量也差，严重影响了叶轮的使用性能。近几年随着多轴联动数控技术的发展，使得加工整体叶轮类零件成为可能，如图 1—37 所示。

图 1—37　用五轴数控机床铣削复杂叶片或整体叶轮类零件

3. 钻探用钻头胎体

钻探用钻头是在整体碳钢上加工出螺旋槽和金刚石刀头安装孔，然后焊接圆柱形金刚石刀头而成的，如图 1—38 所示。此类零件加工空间小，各加工部位角度变化大，尺寸精度、位置精度、形状精度要求高，只有用五轴联动数控机床才能满足加工要求。

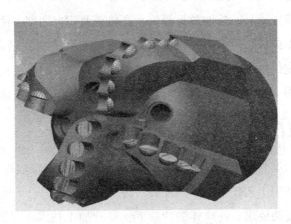

图 1—38　钻探用钻头胎体

4. 复杂曲面铣削或雕刻

随着设计水平的提高，零件表面越来越复杂，复杂曲面零件的加工技术由于多轴联动数控加工的应用得到了突破。国外多轴数控切削技术发展很快，CNC 机床已经从三轴发展到十几轴。日本研制的五面体加工机床采用复合主轴头，可实现四个垂直平面、任意角度的倾斜面和倒锥孔的加工。德国德马吉公司生产的 DMUVoution 系列加工中心可由 CNC 系统控制、CAD/CAM 直接或间接控制，在一次装夹下完成五面加工。另外，随着数字化光电技术的高速发展，精密多轴曲面磨床的技术性能得到改善。瑞士的罗诺曼迪克有限公司研究开发的高精度 NC600Xplus 六轴工具磨削中心配装了光学装夹装置，每个磨削砂轮的位置在机床上都可以在线测量。近年来，我国在多轴数控机床的研制方面也取得了很大的发展。沈阳机床厂研制生产的 GMB25505x 龙门式五轴镗铣加工中心应用于大型叶轮和复杂曲面的高速、精密加工中。济南二机床集团有限公司研制生产的 XKV2740 型五轴联动定梁龙门（双龙门）移动数控镗铣床可以完成对多种叶片、螺旋桨、金属模具等大型复杂曲面的精密加工。北京机电院与东方汽轮机厂联合开发了五轴联动大型叶片加工中心，可一次装夹完成 60MW 汽轮机首、末级叶片的加工。齐齐哈尔二机床厂、清华大学和哈尔滨电机有限责任公司联合研制了新型龙门式五轴联动混合机床，实现了三维立体曲面的高速切削，成功加工出三峡工程左岸水轮发电机组特大型水泵叶片。

数控雕铣机可以用于雕刻，也可进行轻型铣削，是在雕刻机的基础上加大了主轴、伺服电动机功率、床身承受力，同时保持主轴的高速和精度。雕铣机还向高速发展，一般称为高速机，切削能力更强，加工精度更高，还可以直接加工硬度在 60HRC 以上的材料，一次成形。一般主轴采用内藏式水冷电主轴，各重要零部件均经过强化处理；采用 P4 级主轴专用轴承及 KLUBR NBU15 油脂润滑，整套主轴在恒温条件下组装完成后，均通过计算机平衡校正及跑合测试，使得整套主轴的转速精度高、使用寿命长、质量可靠性高。进给系统采用直联式精密滚珠丝杠传动，定位精度及重复定位精度高。润滑系统大多采用间歇集中润滑，机床运动平稳，精度保持性好。如图 1—39 所示为用五轴数控机床铣削复杂曲面或雕刻。

四、车铣复合加工应用

加工效率与精度是金属加工领域追求的永恒目标。随着数控技术、计算机技术、机床技术及加工工艺技术的不断发展，传统的加工理念已不能满足人们对加工速度、效率和精度的要求。在这样的背景下，复合加工技术应运而生。一般来说，复合加工是指在一台加工设备上能够完成不同工序或者不同工艺方法的加工技术的

图1—39　用五轴数控机床铣削复杂曲面或雕刻

总称。如图1—40所示为一台车铣复合机床。目前的复合加工技术主要表现为两种不同的类型，一种是以能量或运动方式为基础的不同加工方法的复合；另一种是以工序集中原则为基础的、以机械加工工艺为主的复合。车铣复合加工是近年来该领域发展最为迅速的加工方式之一。目前的航空产品零件突出表现为多品种、小批量、工艺过程复杂，并且广泛采用整体薄壁结构和难加工材料，因此，制造过程中普遍存在制造周期长、材料切除量大、加工效率低以及加工变形严重等瓶颈。为了提高航空复杂产品的加工效率和加工精度，工艺人员一直在寻求更为高效、精密的加工工艺方法。车铣复合加工设备的出现为提高航空产品零件的加工精度和效率提供了一种有效的解决方案。

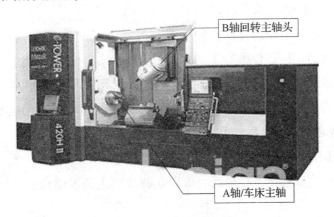

图1—40　车铣复合机床

车铣复合加工机床的运动包括铣刀旋转、工件旋转、铣刀轴向进给和径向进给四个基本运动。依据工件旋转轴线与刀具旋转轴线相对位置的不同，车铣复合加工主要可分为轴向车铣加工、正交车铣加工以及一般车铣加工。其中的轴向车铣和正交车铣是应用范围最广泛的两类车铣加工方法。轴向车铣加工由于铣刀与工件的旋转轴线相互平行，因此它不但可以加工外圆柱表面，也可加工内孔表面。正交车铣加工由于铣刀与工件的旋转轴线相互垂直，在内孔直径较小时不能对内孔进行加工；但在加工外圆柱表面时，由于铣刀的纵向行程不受限制，且可以采用较大的纵向进给量，因此效率较高。

1. 车铣复合加工的优势

与常规的数控加工工艺相比，车铣复合加工具有的突出优势主要表现在以下几个方面：

（1）缩短产品制造工艺链，提高生产效率

由于可以安装多种特殊刀具，采用新型的刀具排布方式，减少换刀时间，提高加工效率，因此，车铣复合加工可以实现一次装夹完成全部或者大部分加工工序，从而大大缩短产品制造工艺链。这样一方面减少了由于装夹方式改变导致的生产辅助时间，另一方面也减少了工艺装备与夹具的制造周期和等待时间，能够显著提高生产效率。

（2）减少装夹次数，提高加工精度

装夹次数的减少避免了由于定位基准转化而导致的误差积累。同时，目前的车铣复合加工设备大都具有在线检测的功能，可以实现制造过程关键数据的在线检测和精度控制，从而提高产品的加工精度。高强度一体化的床身设计提高了对难切削材料的加工能力。

（3）减少占地面积，降低生产成本

紧凑、美观的外形设计改善了空间利用方式，维护与修理更方便，让客户得到最大的满意。虽然车铣复合加工设备的单台价格比较高，但由于制造工艺链的缩短和产品所需设备的减少，以及工艺装备与夹具数量、车间占地面积和设备维护费用的减少，能够有效降低总体固定资产的投资以及生产运作和管理的成本。

2. 车铣复合机床的几种应用实例

（1）在轴圆柱面上进行加工

此时铣刀轴线垂直于工件轴线，可以在圆柱面上铣削键槽或圆柱凸轮，如图1—41所示。

（2）在轴端面上进行加工

对于双刀架车铣中心，可以通过双刀架的同步操作来完成零件多个工序的加工。同一个工件由于有多种加工工序，利用CAM编程软件完成零件编程的同时，可以通过工序的优化，在加工条件允许的前提下，尽量使两个刀架同时处于工作状态，这样可以有效地缩短加工时间。利用这种车铣复合加工中心，使用平行于主轴轴线的刀具可以加工端面槽及端面凸轮等，如图1—42所示。

图 1—41　用车铣复合机床加工圆柱凸轮

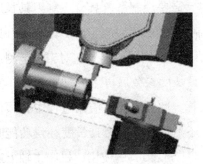

图 1—42　用车铣复合机床双刀架加工

（3）车铣复合加工花键轴或齿轮轴

对于带有 C 轴、B 轴的车铣复合机床，使用专用的刀具可以进行花键轴或齿轮轴的车铣复合加工，如图 1—43 所示。

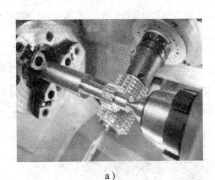

　　　　a)　　　　　　　　　　　　　　b)

图 1—43　车铣复合加工花键轴或齿轮轴

a）花键轴　b）齿轮轴

（4）一次装夹完成车削、铣削、钻削、攻螺纹加工

对于具有 B 轴功能的高端车铣复合设备来说，通过 B 轴摆角定位加工或是 X、

Y、Z、B、C五轴联动加工可以获得更高的表面质量。同时，这类设备还可以完成更复杂的叶轮和叶片的加工。车铣加工设备多数都自带一些编程功能，例如，Mazak matrix 系列、HEIDENHAIN CNC PILOT 3190 系列的控制系统都具有人机对话的交互式编程功能，不仅可以完成两轴车削，而且还可以完成 C、Y 辅助动力头的常规铣切加工编程工作。但是，对于一些具有复杂型面的零件加工就很困难。这时只能借助 CAM 编程软件来实现，因此，对于车铣复合尤其是具有双刀塔的高端车铣复合加工设备来说，要发挥出它应有的性能，更离不开 CAM 编程软件的支持。但是，在 CAM 编程软件的应用过程中，后处理的制定显得尤为重要。由于旋转坐标的存在，在使用 CAM 软件进行编程操作时，人们习惯上使用刀尖点的绝对坐标编程模式，生成的 NC 代码在机床上运行时，需要控制系统具有三维刀具长度补偿的功能。根据实际使用的刀具长度 L_2，控制系统在三维空间上自动实现刀具长度补偿。如果控制系统没有三维刀具长度补偿功能，则需要事先在对刀仪上测量出刀具的长度，然后在 CAM 软件环境下指定刀具长度参数后再生成加工程序，实际上生成的 NC 代码中的坐标点是回转中心的坐标，此类程序在应用过程中必须使用指定长度的刀具（在 20 世纪末期，控制系统还不具备三维刀具长度补偿功能时，都使用这种方法来完成五轴坐标程序的编制，为方便刀具的使用，机床主轴上通常增加一个可伸缩的套筒部件，从而将刀具长度调整为编程时设定的刀具长度）。无论是绝对坐标编程还是回转中心坐标编程，对于车铣中心来说，B 轴作为一个联动轴还有一个特殊的处理方式，即 B 轴坐标跟随功能。下面以刀尖点绝对坐标编程为例，说明 B 轴坐标跟随功能的程序与它的区别：B 轴坐标跟随功能与刀尖点绝对坐标编程不同的是坐标系的旋转，如果使用 B 轴坐标跟随功能，Z 轴始终跟随刀具当前的位置发生变化，但始终指向主轴的轴线方向，这样在计算三维刀具补偿时，控制系统硬件的计算量就相应地减少了很多，更多的计算量在 CAM 软件下完成。因此，这种模式有利于节省控制系统资源，以满足复杂零件加工和高速加工时对控制系统的高要求。这种结构的车铣复合加工中心五轴可以联动加工，可完成不同部位的车削、铣削、钻削、攻螺纹等多项加工内容，如图 1—44 所示。

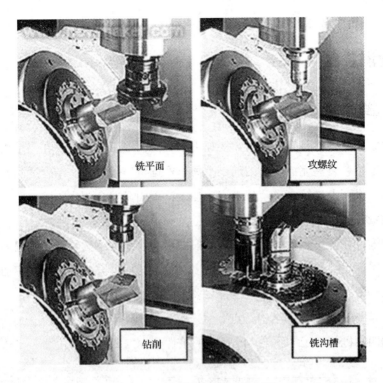

图 1—44 车铣复合加工的内容

注意事项

1. 根据现场条件选择合适的机床进行加工。
2. 熟练掌握数控机床的分类方式。
3. 熟练掌握多轴数控机床的种类及应用。
4. 了解多轴数控机床的结构形式。
5. 熟练掌握多轴数控机床的坐标系统及其定义。

第 2 节 多轴数控加工工艺

学习目标

1. 能够根据零件特点制定多次定位加工的加工工艺。
2. 能够根据零件特点制定多轴加工的加工工艺。

3. 能够使用特殊刀具和非标刀具简化加工工艺。

 **知识要求**

一、多次定位加工

多次定位加工就是某一工件需要加工多个部位或多个面时，在三轴机床上很难通过一次定位、装夹完成所有的加工，需要根据机床的特点，结合适当的工艺装备和夹具，在机床上进行多次定位来完成加工，下面简要介绍一下多次定位加工。

1. 多次定位加工的特点及应用

有些零件在使用多轴机床加工时，根据现有设备的结构特点、编程的难易程度或是为了保证工件的加工效率，需采用多次定位的加工方式。多次定位加工大多作为粗加工，为多轴联动精加工做准备。多次定位加工的特点如下：

（1）能够适应机床的结构特点

使用四轴机床加工如图1—45所示的工件至少需要两次定位。

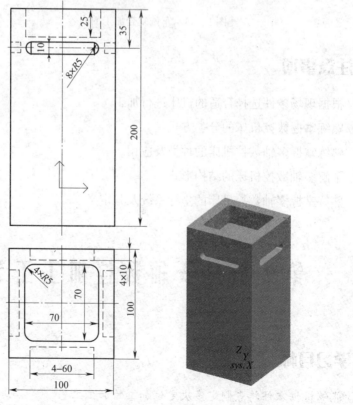

图1—45　适用于多次定位加工的零件图1

1）第一次定位。此次定位用于加工四个侧面槽，如图 1—46 所示。

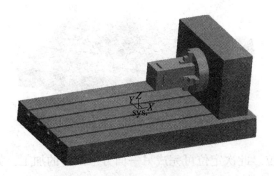

图 1—46 第一次定位

2）第二次定位。此次定位用于加工顶面方槽，如图 1—47 所示。

图 1—47 第二次定位

（2）能够降低自动编程的难度

如图 1—48 所示，本可以一次定位利用多轴机床一次加工完成，但为了简化编程的难度，可采用以下定位方法完成加工：

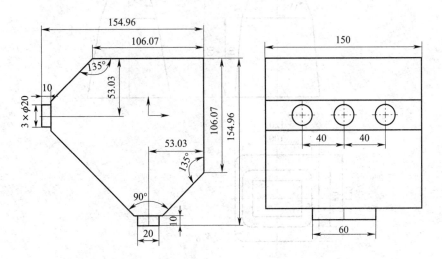

图 1—48 使用多次定位加工的零件图 2

1）第一次定位。此次定位可加工三个圆柱凸台，如图 1—49 所示。

图 1—49　第一次定位

2）第二次定位。此次定位可完成另一面方形凸台的加工，如图 1—50 所示。

图 1—50　第二次定位

（3）能够提高个别工序的加工效率

如图 1—51 所示，加工工件上部 20°起模面时可采用的方法有多种，例如，五轴联动粗加工，这种方式加工效率比较低；使用三轴机床分层粗加工，会有加工残留高度比较大等缺点。

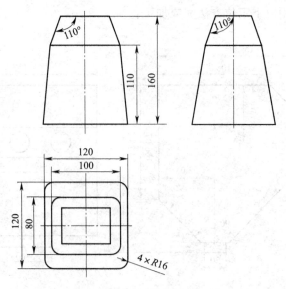

图 1—51　使用多次定位加工的零件图 3

可采用以下定位方法进行粗加工，再使用五轴联动机床进行精加工，这样既保证了效率，同时也有很高的加工精度。

1）第一次定位。此次定位可加工两个起模面，如图1—52所示。

图1—52　第一次定位

2）第二次定位。此次定位可加工另外两个起模面，如图1—53所示。

图1—53　第二次定位

采用这种定位方式，使用大直径面铣刀进行粗加工，会大大提高本道工序的加工效率。

(4) 每个工位的定位基准要精确、可靠，以免影响后工序的定位精度

本节前几个图例中，如果各次定位加工的形状轮廓之间有比较高的位置精度要求，就要尽量降低每次定位的定位误差，以免导致最终加工精度的降低。

(5) 一般需要准备多套夹具

通过以上例子可知，如果加工时需要使用多次定位的加工方式，若定位面不是较规则的表面，考虑到夹紧及生产效率的要求，可能每次定位都需要制作一套工艺装备和夹具，以便于加工，保证精度和提高生产效率。

2. 多次定位加工存在的主要问题

(1) 一般每次定位都需要准备一套夹具，工艺装备准备周期长，制造成本高。

(2) 多次定位的生产辅助时间长，生产效率会有所降低。

(3) 每次定位的误差造成零件最终加工位置精度的降低等。

二、多轴加工

1. 多轴加工的特点及应用

数控加工技术作为现代机械制造技术的基础，使得机械制造过程发生了显著的变化。现代数控加工技术与传统加工技术相比，无论在加工工艺和加工过程控制，还是加工设备与工艺装备等诸多方面均有显著不同。人们熟悉的数控机床有 X、Y、Z 三个直线坐标轴，多轴是在三轴的基础上增加了旋转轴，一台多轴机床上至少具备四个轴。通常所说的多轴数控加工是指四轴以上的数控加工，其中具有代表性的是五轴数控加工。多轴数控加工能同时控制四个以上坐标轴的联动，将数控铣、数控镗、数控钻等功能组合在一起，工件在一次装夹后可以对加工面进行铣削、镗削、钻削等多工序加工，有效地避免了由于多次安装造成的定位误差，能缩短生产周期，提高加工精度。随着模具制造技术的迅速发展，对加工中心的加工能力和加工效率提出了更高的要求，因此，多轴数控加工技术得到了空前的发展。

多轴加工准确地说应该是多坐标联动加工。当前大多数多轴数控加工设备可以实现五坐标联动，这类设备的结构类型和控制系统都各不相同。在三轴数控铣削加工和两轴数控车削加工中，作为加工程序的 NC 代码的主体即是众多的坐标点，控制系统通过坐标点来控制刀尖参考点的运动，从而加工出需要的零件形状。在编程的过程中，只需要通过对零件模型进行计算，在零件上得到点位数据即可。而在多轴加工中，不仅需要计算出点位坐标数据，更需要得到坐标点上的矢量方向数据，这个矢量方向在加工中通常用来表达刀具的刀轴方向，这就对计算能力提出了挑战。目前，这项工作最经济的解决方案是通过计算机和 CAM 编程软件来完成。众多的 CAM 编程软件都具有这方面的能力。但是，这些软件在使用和学习上难度比较大，编程过程中需要考虑的因素比较多。能否使用 CAM 软件编程成为多轴数控加工的一个瓶颈因素。

即使利用 CAM 编程软件来取代手工编程，从目标零件上获得了点位数据和矢量方向数据之后，并不代表这些数据可以直接用来进行实际加工。因为随着机床结构和控制系统的不同，这些数据如何能准确地控制机床的运动是多坐标联动加工需要着重解决的问题。以五轴坐标联动铣削机床为例，从结构类型上看，分为双转台、双摆头、摆头加转台三大类，每大类中由于机床运动部件运动方式的不同而不同。以直线轴 Z 轴为例，对于立式设备来说，编程时习惯以 Z 轴向上为正方向，但是有些设备是通过主轴头固定而工作台向下移动，产生的刀具相对向上移动实现 Z 轴正方向移动；有些设备是工作台固定而主轴头向上移动，产生的刀具向上移动。在刀具参考坐标系和零件参考坐标系的相对关系中，不同的机床结构对三轴数控加工中心没有什么影响，但是对于多轴联动的设备来说就不同了，这些相对运动关系的不同对加工程序有着不同的要求。由于机床控制系统的不同，对刀具补偿的方式和程序的格式也都有不同的要求。因此，仅仅利用 CAM 编程软件计算出点位数据和矢量方向并不能真正地满足最终的加工需要。这些点位数据和矢量方向数据就是前置文件。还需要利用另外的工具将这些前置文件转换成适合机床使用的加工程序，这个工具就是后置处理程序。

随着数控技术的发展，多轴数控加工中心正在得到越来越广泛的应用。它们的最大优点就是使原本复杂的零件加工变得容易了许多，并且缩短了加工周期，提高了表面质量。产品质量的提高有助于提高产品性能。例如，汽车大灯模具的精加工用双转台五轴联动机床完成，由于大灯模具的特殊光学效果要求，用于反光的众多小曲面对加工精度和表面质量都有非常高的指标要求，特别是表面质量，几乎要求达到镜面效果，加工起来比较困难。采用高速切削工艺装备及五轴联动数控机床，用球头铣刀切削出镜面的效果就变得很容易，而过去较为落后的加工工艺手段则几乎不可能得到这种效果。采用五轴联动数控机床加工模具可以很快地完成加工，交货快，更好地保证模具的加工质量，使模具加工变得更加容易，并且使模具修改变得容易。在传统的模具加工中，一般用立式加工中心完成工件的铣削加工。随着模具制造技术的不断发展，立式加工中心本身的一些弱点表现得越来越明显。现代模具普遍使用球头铣刀来加工，球头铣刀在模具加工中的好处非常明显，但如果用立式加工中心，球头尖点的线速度为零，其加工的表面质量就很差，如果使用四轴、五轴联动机床加工模具，可以克服上述不足。

（1）多轴加工的类型

加工中心一般分为立式加工中心和卧式加工中心。三轴立式加工中心最有效的加工面为工件的顶面，卧式加工中心借助回转工作台，也只能完成工件四面的加工。多轴数控加工中心具有高效率、高精度的特点，工件在一次装夹后能完成五个面的加工。如果配置五轴联动的高档数控系统，还可以对复杂的空间曲面进行高精度加工，非常适于加工汽车零部件、飞机结构件、叶轮、叶片、模具及复杂箱体等工件的成形模具。

根据回转轴的形式不同，多轴数控加工中心可分为以下两种结构方式：

1）工作台回转。这种结构方式的多轴数控机床的优点是主轴结构比较简单，主轴刚度非常高，制造成本比较低。但一般工作台不能设计得太大，承重也较小，特别是当 A 轴回转角度大于等于 90°时，切削工件时会对工作台带来很大的承载力矩。

2）主轴头摆动。这种结构方式的多轴数控机床的优点是主轴加工非常灵活，工作台也可以设计得非常大。在使用球头铣刀加工曲面时，当刀具中心线垂直于加工面时，由于球头铣刀的顶点线速度为零，顶点切出的工件表面质量会很差，若采用主轴回转的设计方式，让主轴相对工件转过一个角度，使球头铣刀避开顶点切削，保证有一定的线速度，可提高工件表面质量，这是工作台回转式加工中心难以做到的。

（2）多轴加工的特点

采用多轴数控机床进行加工具有以下几个特点。

1）减少基准转换，提高加工精度。多轴数控加工的工序集成化不仅提高了工艺的有效性，而且由于零件在整个加工过程中只需一次装夹，加工精度更容易得到保证。

2）减少工艺装备与夹具的数量和占地面积。尽管多轴数控加工中心的单台设备价格较高，但由于工艺过程链的缩短和设备数量的减少，工艺装备与夹具数量、车间占地面积、设备维护费用也随之减少。

3）缩短生产过程链，便于生产管理。多轴数控机床的完整加工大大缩短了生产过程链，由于只把加工任务交给一个工作岗位，不仅使生产管理和计划调度简化，而且透明度明显提高。工件越复杂，它相对于传统工序分散的生产方法的优势就越明显。同时，由于生产过程链的缩短，在制品数量必然减少，可以简化生产管理，从而降低生产运作和管理的成本。

4）缩短新产品研发周期。对于航空航天、汽车等领域的企业，有的新产品零件及成形模具形状很复杂，精度要求也很高，因此，具备高柔性、高精度、高集成性和完整加工能力的多轴数控加工中心可以很好地解决新产品研发过程中复杂零件加工的精度和周期问题，大大缩短研发周期，提高新产品的成功率。

（3）五轴车铣技术的发展

五轴车铣复合加工技术是多轴加工技术的典型，五轴车铣中心是五轴车铣复合技术的载体，是指一种以车削功能为主，并集成了铣削和镗削等功能，至少具有三个直线进给轴和两个回转进给轴，且配有自动换刀系统的机床。车铣复合加工中心是在三轴车削中心基础上发展起来的，相当于一台车削中心和一台加工中心的复合，是20世纪90年代发展起来的复合加工技术，是一种在传统机械设计技术和精密制造技术基础上，集成了现代先进控制技术、精密测量技术和CAD/CAM应用技术的先进机械加工技术。五轴车铣中心的先进性表现在其设计理念上。在通常的机械加工概念中，一个零件的加工少则一两道工序，多则上百道工序，要经过多台设备的加工来完成，要准备刀具、工艺装备、夹具，零件在各工位之间周转。对复杂的零件来说，有的一套工艺装备的准备就需要三五个月的时间，即使不考虑经济成本，几个月的时间很可能会错过许多商品机遇和战略机遇。在汽车、家电等批量生产行业，为了提高效率和自动化水平，广泛采用自动化生产线，庞大的物流系统构成了自动线很重要的一部分，同时是一个占钱、占地的部分，也是故障多发的部分，对复杂型面的加工，物流更是一个大问题。零件的多次装夹和基准转换有时带来不必要的工序，同时也使零件加工精度降低。五轴车铣复合加工中心从设计概念上解决了这个问题，它是一次装夹即可完成加工范围内的全部或绝大部分工序，可以说实现了从部分加工到完整加工的飞跃。

（4）五轴车铣复合加工中心的主要发展方向

1）更高的工艺范围。通过增加特殊功能模块，实现更多工序集成。例如，将齿轮加工、内孔和外圆磨削加工、深孔加工、型腔加工、激光淬火、在线测量等功能集成到车铣中心上，真正实现所有复杂零件的完整加工。

2）更高的效率。通过配置双动力头、双主轴、双刀架等功能，实现多刀同时加工，提高加工效率。

3）大型化。由于大型零件一般多是结构复杂、要求加工的部位和工序较多、装夹及定位也较费时费力的零件，而车铣复合加工的主要优点之一是减少零件在多工序与多工艺加工过程中的多次重新安装、调整和夹紧时间，因此，采用车铣中心进行复合加工比较有利。目前，五轴车铣复合加工中心正向大型化发展。例如，由沈阳机床股份有限公司生产的 HTM125 系列五轴车铣中心的回转直径达到 1 250 mm，加工长度可以达到 10 000 mm，非常适合大型船用柴油机曲轴的车铣加工。

4）结构模块化和功能可快速重组。五轴车铣复合加工中心的功能可快速重组，使其能快速响应市场需求，并能抢占市场的重要位置，而结构模块化是五轴车铣复合加工中心功能可快速重组的基础。一些技术先进厂家（如德国德马吉公司、奥地利的 WFL、日本的 MAZAK 公司等）的许多产品都已实现结构模块化设计，并正在向如何实现功能快速重组的方面努力。五轴车铣技术的先进理念可提高产品质量及缩短产品制造周期。因此，这种技术在军工、航空、航天、船舶以及一些民用工业领域中的应用具有相当大的优势，尤其在航空航天领域一些形状复杂异形零件的加工中更具优势，国外早已在航空航天领域大批采用此类设备代替传统的加工设备。

（5）实现多轴数控加工技术的难点

人们早已认识到多轴数控加工技术的优越性和重要性，但到目前为止，多轴数控加工技术的应用仍然局限于少数公司。多轴数控加工由于存在干涉和刀具在加工空间的位置控制问题，其数控编程、数控系统和机床结构远比三轴机床复杂得多。目前，多轴数控加工技术存在以下几个问题：

1）多轴数控编程抽象，机床操作困难。三轴机床只有直线坐标轴，而五轴数控机床结构形式多样，同一段 NC 代码可以在不同的三轴数控机床上获得同样的加工效果，但某一种五轴机床的 NC 代码一般不能适用于其他类型的五轴机床。数控编程除了直线运动之外，还要协调旋转运动的相关计算，如旋转角度行程检验、非线性误差校核、刀具旋转运动计算等，处理的信息量很大，数控编程极其抽象。多轴数控加工的操作和编程技能密切相关，如果用户为机床增添了特殊功能，则编程和操作会更复杂。只有反复实践，编程及操作人员才能掌握必备的知识和技能。经验丰富的编程与操作人员的缺乏是多轴数控加工技术普及的难点。

2）刀具半径补偿受限制。在五轴联动 NC 程序中，刀具长度补偿功能仍然有效，而刀具半径补偿却受到很多限制。以圆柱铣刀进行接触成形铣削时，需要对不同直径的刀具编制不同的程序。用户在进行数控加工时，需要频繁换刀或调整刀具的尺寸，按照正常的处理程序，刀具轨迹应送回 CAM 系统重新进行计算，从而导致整个加工过程效率不高。

3）购置机床需要大量投资。多轴数控加工机床和三轴数控加工机床之间的价格相差很大。多轴数控加工除了机床本身的投资之外，还必须对 CAD/CAM 编程软件和后置处理器进行升级，使之适应多轴数控加工的要求；另外还要对仿真校验程序进行升级，使之能够对整个机床进行仿真处理。

2. 定向加工

定向加工就是在加工工件的某个位置时，机床各旋转轴移到某一定角度时不再运动，只靠直线轴的进给运动完成加工。定向加工具有提高效率、减少机床五轴联动刀尖跟随等待时间、编程操作简单、提高工件精度等特点，如图 1—54 所示。

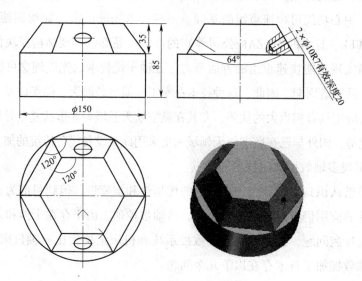

图 1—54　使用定向加工的零件图

安排加工此工件时，可先垂直加工出六棱柱下边缘的平面，接下来分六次定向加工，使用平底铣刀，加工出六面体起模侧面，再定向加工出孔即可。

3. 多轴联动加工

加工光滑连续的复杂曲面时最好采用多轴联动的加工方式，这样不仅能保证曲面的加工质量，而且不会有加工死角，可减少定位和装夹次数，如图1—55所示。

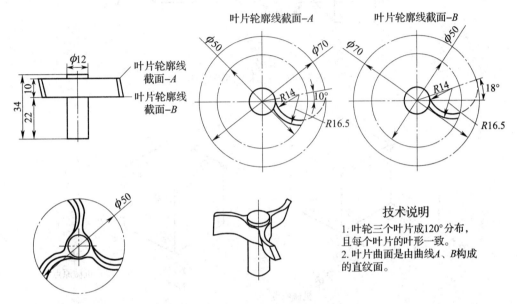

图1—55 使用多轴联动加工的零件图

使用多轴机床五轴联动方式加工此工件，可大大减少定位和装夹次数，提高曲面的表面质量。

4. 空间坐标系转换

在使用多轴机床进行加工时，有时为降低生成刀具轨迹的难度或使用五轴联动加工时，都会涉及空间坐标系的转换。

（1）空间坐标系转换的功能和目的

对于当前设定的工件坐标系中 X、Y、Z 轴进行轴旋转及工件原点的平行移动，可以定义新的坐标系。如图1—56所示为机床的空间坐标系。可以在立体空间定义任意平面，并假定该平面为 X – Y 平面编辑程序。如图1—57所示为机床空间坐标系的转换结果。

（2）空间坐标系转换的指令格式

G68［$Xx_0\ Yy_0\ Zz_0$］Ii Jj Kk Rr;　　　使用三维坐标转换模式

G69;　　　　　　　　　　　　　　　　取消三维坐标转换模式

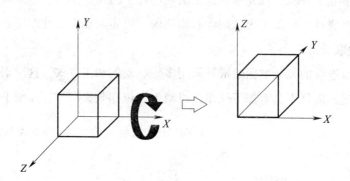

图 1—56　机床空间坐标系

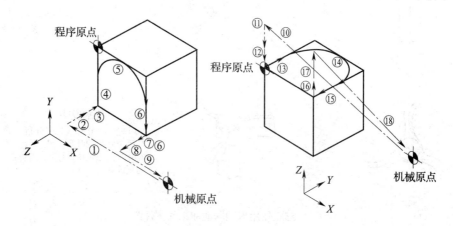

图 1—57　机床空间坐标系的转换结果

其中：

x_0、y_0、z_0——旋转中心坐标（绝对值指令）。

　i、j、k——旋转中心轴（1：有效；0：无效）。

　　　I——X 轴。

　　　J——Y 轴。

　　　K——Z 轴。

　　　r——旋转角度及旋转方向（旋转方向为从旋转中心轴的正方向看旋转中心，逆时针旋转为正方向，使用正值）。

例如：G68 X0Y0Z0 I1 J0 K0 R-90.

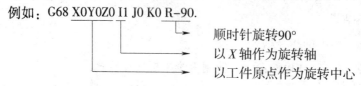

顺时针旋转90°

以 X 轴作为旋转轴

以工件原点作为旋转中心

（3）程序实例

%	G68 I1 J0 K0 R－90.；
N01 G90 G00 G40 G49 G80；	G00 X0 Y0；
G54 X0 Y－100.；	G43 Z50.H01；
G43 Z50.H01；	G01 Z－1.；
G01 Z－1.F1200；	Y50.；
Y－50.；	G02 X100.R50.；
G02 X100.R50.；	G01 Y0；
G01 Y－100.；	G01 Z50.；
G01 Z50.；	G69；
G91 G28 Z0；	G91 G28 Z0；
G28 X0 Y0；	G28 X0 Y0；
N02 G90 G00 G40 G49 G80；	M30；
G54 G00 A90.；	%

三、特殊刀具和非标刀具

在机械加工过程中，经常会遇到一些使用标准刀具进行加工而把工艺过程变得复杂的情况。因此，特殊刀具和非标刀具的制造及使用对简化切削加工十分重要。金属切削中非标刀具多用于铣削加工。由于标准刀具的制作针对的是面广量大的普通数控机床，对于零件的切削加工，当遇到工件因淬火而硬度提高，或工件为不锈钢等难加工材料，也有一些工件的表面几何形状十分复杂，或被加工表面有较高的质量要求等情况时，标准刀具就无法满足加工的需要。因此，在加工过程中需对刀具的材质及刀口的几何形状、几何角度等进行针对性的设计，可分为不需要专门定制和需要专门定制两大类。不需要专门定制的刀具主要是解决两个问题，即尺寸问题和表面粗糙度问题。如果是尺寸问题，可以选择一把尺寸与所需尺寸相近的标准刀具，通过改磨就可以解决，但也需注意两点：一是尺寸相差不能太大，一般不要超过2 mm，若尺寸相差太大，会引起刀具的槽形发生过大变化，直接影响容屑空间和几何角度。二是如果是带有刃口的立铣刀，可以在普通机床上改磨，成本较低；如果是不带刃口的键槽铣刀，就不能在普通机床上进行改磨，需要在专门的五轴联动机床上改磨，其成本也就会较高。如果是表面粗糙度问题，可以通过改变刃部的几何角度来实现，如加大前角、后角会明显改善工件表面质量。但如果机床的刚度不够，可能刃口倒钝反而会提高表面粗糙度值。

需要专门定制的刀具主要需解决以下两个问题：一是被加工工件有特殊形状要求，如对加工所需要的刀具进行加长、加端齿倒圆角R，或者有特殊的锥角要求、柄部结构要求、刃长尺寸控制、多把刀具组合等。这一类刀具如果形状要求并不十分复杂，其要求还是容易实现的，唯一需要注意的是非标刀具的加工是比较困难的。因此，用户在能够满足加工使用的情况下，不应该过分地追求高精度。因为高精度本身就意味着高成本和高风险，会对制作方的生产能力和自身的成本造成不必要的浪费。二是被加工工件有特殊的强度和硬度，如工件进行淬火后强度和硬度较高，一般的刀具材料无法进行切削加工，或者粘刀严重，这时就需对刀具的材料提出特殊要求。一般的解决方法是选用高档的刀具材料，如含钴的高速钢刀具具有较高的硬度，用以切削调质过的工件材料；若使用优质的硬质合金刀具，就可以加工硬度更高的工件材料。

特殊刀具及非标刀具在设计、制造和使用过程中有许多问题需要注意：一是刀具的几何形状较为复杂，在热处理时刀具容易发生弯曲、变形及开裂等情况。这就要求在设计时注意避免容易发生应力集中的部位，对直径变化较大的部位加上斜角过渡或台阶设计等。如是长径比较大的细长件，则在热处理过程中，每经过一次淬火和回火就需检查及矫直，以控制其变形量和跳动。二是刀具的材料比较脆，尤其是硬质合金这种材料，这就使加工中一旦遇到较大振动或较大加工转矩时，刀具很可能就会发生折断。这种情况在使用常规刀具的加工过程中往往不会造成很大的损失，因为刀具断了可以更换，但在使用非标刀具的加工中，由于替换的可能性不大，因此一旦刀具折断，会造成很大的损失，所以使用时一定要倍加当心。

如图 1—58 所示为近期新开发利用的一种特殊刀具——环形刀具（原来叫作 R 形刀片牛鼻刀或面铣刀）。环形刀具相当于早期的鼓形刀具，最新用法是将环形刀具的底部刀口利用起来，加工曲面时，改变了原来使用球头铣刀一点接触的方法，若使用环形铣刀，大大增大了接触面积，大幅提高了生产效率和曲面的表面质量。

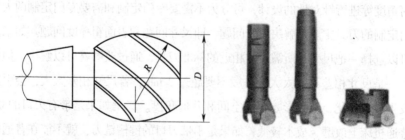

图 1—58　鼓形刀具及环形铣刀

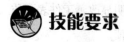 技能要求

一、多次定位加工应用实例

如图 1—59 所示，采用多轴机床进行多次定位加工某工件。

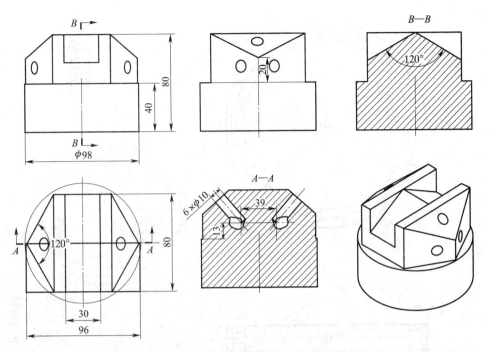

图1—59 使用多次定位加工的零件图

如图1—60所示为使用五轴机床进行多次定位加工的结果。该实例采用多次定位加工，大大提高了生产效率和表面质量。

图1—60 使用多次定位加工的结果

二、多轴联动加工应用实例

1. 四轴机床加工应用

如图1—61所示为使用四轴机床加工的零件图。

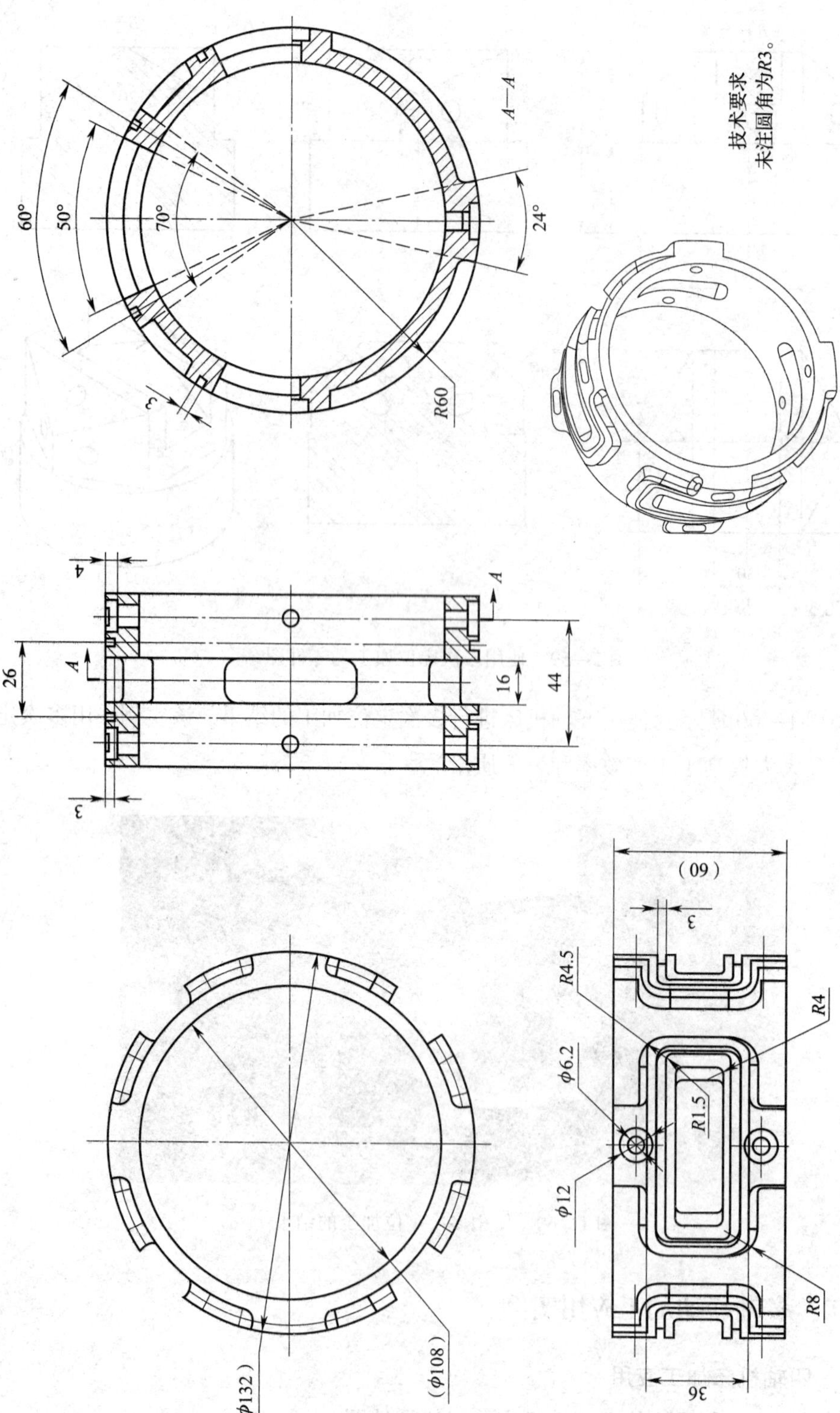

技术要求
未注圆角为R3。

60°
50°
70°
24°

A—A

R60

3

26

4

A

A

3

44

16

(09)

3

R4.5

R4

φ6.2

R1.5

φ12

R8

36

(φ132)

(φ108)

图1—61 使用四轴机床加工的零件图

如图1—62所示为使用四轴机床加工的结果，大大减少了定位次数，并且没有加工死角。

图1—62 使用四轴机床加工的结果

2. 五轴机床加工应用

如图1—63所示为使用五轴机床加工的零件图。

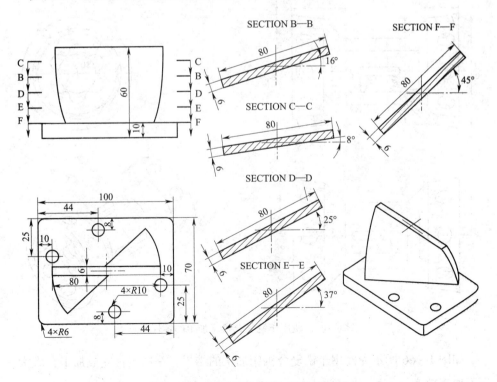

图1—63 使用五轴机床加工的零件图

如图1—64所示为该零件使用五轴机床加工的结果，采用五轴联动侧铣加工，表面质量较高。

图1—64 使用五轴机床加工的结果

3. 车铣复合机床加工应用

如图1—65所示为使用车铣复合机床加工的零件图。

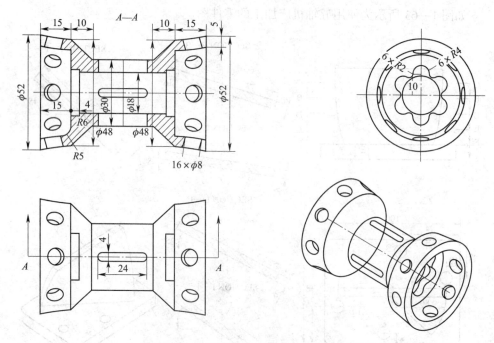

图1—65 使用车铣复合机床加工的零件图

如图1—66所示为使用车铣复合机床加工的结果，一次定位完成加工，大大提高了加工效率。

图 1—66　使用车铣复合机床加工的结果

三、特殊刀具的应用

1. 组合刀具

组合刀具是指由两个以上的工作部分组合在一个刀体上，能同时或依次加工两个以上表面或完成一个表面多道加工工序的刀具。组合刀具相当于几把刀具的组合体，由几把刀具依次加工的内容用组合刀具一次走刀就可完成加工，大大提高了生产效率。如果刀具的制造精度符合零件的精度要求，就避免了多把刀具对刀误差的影响，也不受机床定位精度的影响。

如图 1—67 所示为集中心钻、钻头、扩孔钻、锪孔钻、倒角刀于一体的多功能组合刀具。

如图 1—68 所示为集钻头、扩孔钻、铰刀于一体的多功能组合刀具。

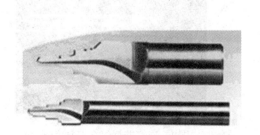 

图 1—67　多功能组合刀具实例 1　　　　　图 1—68　多功能组合刀具实例 2

如图 1—69 所示为集三把不同直径的铣刀于一体的多功能组合刀具。

2. 非标准刀具

如果数控机床使用的铣刀符合以下标准，都称之为标准刀具，如《可转位车刀

及刀夹　第1部分：型号表示规则》（GB/T 5343.1—2007）、《切削刀具用可转位刀片型号表示规则》（GB/T 2076—2007）、《带圆角无固定孔的硬质合金可转位刀片尺寸》（GB/T 2079—2015）、《带圆角圆孔固定的硬质合金可转位刀片尺寸》（GB/T 2078—2007）、《硬质合金可转位铣刀片》（GB/T 2081—1987）、《带圆角沉孔固定的硬质合金可转位刀片尺寸》（GB/T 2080—2007）、GB/T 5340 系列标准、

图1—69　多功能组合刀具实例3

GB/T 5342 系列标准等，以上国家标准都有对应的国际标准，如 ISO 7848—1986 等。如果使用这类刀具（即标准刀具）不能满足加工的某种需求，就需要单独定制非标准刀具来满足加工需求。

如图1—70 所示的非标刀具可以满足孔口特殊形状的加工需求。

如图1—71 所示的非标刀具可以满足特殊形状孔的加工需求。

图1—70　非标刀具实例1

图1—71　非标刀具实例2

如图1—72 所示的非标刀具可以满足特殊螺纹加工的需求。

如图1—73 所示的非标组合刀具可以满足特殊形状台阶孔加工的需求。

图1—72　非标刀具实例3

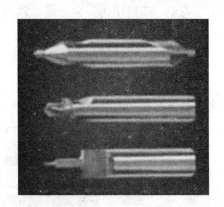

图1—73　非标组合刀具实例4

3. 难加工材料用刀具

随着刀具技术的发展和新型刀具材料的出现，金属切削技术也在不断地提高，各种切削技术相继用于加工不锈钢、钛合金、淬硬钢等难加工材料。目前，难加工材料的切削效率还很低，如何有效提高难加工材料的切削效率，降低加工成本，是

当前制造业亟待解决的问题之一。

（1）难加工材料的应用

随着航空航天、石油、化工、兵器及原子能等工业的蓬勃发展，各种难加工材料也得到广泛的应用，其中以不锈钢、钛合金、淬硬钢及高温合金等材料最具代表性。不锈钢材料的应用领域涉及各行各业。从汽车工业到水工业，从建筑与结构业到环保工业等领域，不锈钢材料的需求日益上升，其中在汽车工业中的应用最为迅速。钛合金分为 α 型、α + β 型、β 型，其中 α 型钛合金多用于发动机压气机盘、叶片以及其他工作温度低于 540℃ 的转动部件，也可用于发动机安装架、散热系统等部件；β 型钛合金多用于飞机的起落架；α + β 型钛合金在工业上的应用最多，如 TC4、TC11 等分别用在发动机前轴颈、盘件、叶片和前机匣等关键结构件上。淬硬钢是典型的耐磨结构材料，广泛用于轴承、汽车、模具等工业领域，多用来制造各种对硬度和耐磨性要求高的零件。随着对难加工材料需求的日益增加，如何对这些材料进行高效切削加工是迫切需要解决的问题。

（2）难加工材料的切削加工性

切削加工性是指工件材料切削加工的难易程度。而材料的切削加工性是一个相对的概念，因为它不仅与材料本身有关，而且随切削加工条件和加工要求的不同而变化。难加工材料之所以难加工就是因为其相对切削性太差，如高硬度和高强度、高塑性和高韧性、低导热性、低塑性、高脆性、化学性能过于活泼等特点，会造成切削过程中切削力大、切削温度高、切屑难以控制、加工硬化严重和刀具耐用度低等问题。不锈钢在切削过程中塑性变形大，加工硬化严重；同时，大量的塑性变形会产生大量的切削热，切削点的温度上升，导致刀具寿命变短；另外，不锈钢的亲和性大，在高温作用下易使刀尖产生积屑瘤，后面产生附着物，从而使被加工表面精度下降。钛合金的切削加工性表现为密度小、导热性差、切削加工时切削热不易扩散，导致刀具寿命很短。钛合金的亲和力大，具有高的化学活性，易与相接触的金属亲和，导致黏结和扩散加剧、刀具磨损；钛合金弹性模量低，弹性变形大，会使已加工表面与刀具后面的接触面积大，磨损严重。淬硬钢的主要特点是硬度、强度高，塑性、导热性差。在切削过程中，切屑与前面接触长度短，因此切削力和切削温度集中在切削刃附近，易使刀具磨损和崩刃。为了克服这些难加工材料的加工难点，就需要选择正确的刀具材料。由于不同材料的成分和性能各异，切削加工性也不同。因此，只有掌握它们的特殊性，才能找出与之相匹配的刀具材料来完成对其的切削加工。

（3）刀具材料的选择

切削难加工材料时对刀具材料性能的要求如下：刀具材料和工件材料的力学性

能、物理性能和化学性能必须得到合理的匹配，切削过程才能正常进行，并获得较长的刀具寿命；否则，刀具可能会急剧磨损，刀具寿命就会缩短。这样就要求在选择刀具材料时不仅要考虑刀具材料的常温力学性能，还应考虑其高温性能，防止工件与刀具材料中的化学元素发生化学作用或扩散作用，从而造成刀具的扩散磨损。难加工材料在切削加工中通常出现的刀具磨损包括两种形态：一是由于机械作用而出现的磨损；二是由于热及化学作用而出现的磨损，以及由切削刃软化、熔融而产生的破断、热疲劳、热龟裂等。切削难加工材料时，由于被加工材料中存在较多促使刀具磨损的因素，通常在很短的时间内就会出现上述刀具磨损现象。

根据难加工材料的切削特点，同时考虑其切削的特殊性，选择刀具材料时应考虑以下性能：高的硬度和耐磨性；高的耐热性；足够的强度和韧性。除此之外，对于难加工材料的切削还应该特别注意以下两点：一是要避免因刀具材料和工件材料之间某些元素的亲和作用致使刀具磨损加剧；二是要根据刀具材料、工件材料及其他切削条件选择最佳切削速度。例如，陶瓷和立方氮化硼刀具切削时要求切削速度高，如果在较低的速度下切削，其耐用度并不比高速钢刀具好。因此，各种刀具材料的优越性只有在相应的速度范围内才能充分显示出来。

（4）常用刀具材料的切削性能

绝大部分刀具材料中都含有碳化物、氮化物、氧化物和硼化物等。这些化合物都具有高硬度、高熔点、高弹性模量的特点，这正是刀具材料所需要的性质。例如，硬质合金的硬质相主要为 WC 和 TiC；陶瓷的基体材料常用 Al_2O_3 和 Si_3N_4，再加入碳化物、其他氧化物、氮化物甚至硼化物；立方氮化硼则是一种非金属的氮化物。因此，在现代切削加工中常用的刀具材料有高速钢、硬质合金、陶瓷、立方氮化硼和金刚石等。表1—1所列为各种刀具材料的主要性能。

表1—1   各种刀具材料的主要性能

种类		硬度	维持切削性能的最高温度（℃）	抗弯强度（MPa）	冲击韧度（kJ/m^2）
高速钢		62～69HRC 81～83.5HRA	540～650	3 435～4 415	98～294
硬质合金	钨钴类	89.5～91HRA	800～900	1 080～1 470	20～39
	钨钴钛类	89.5～92.5HRA	900～1 000	885～1 275	3～7
氧化铝陶瓷		91～94HRA	＞1 200	440～835	
氮化硅陶瓷		2 000HV	1 300	735～835	4
立方氮化硼（CBN）		8 000～9 000HV	1 400	410	
金刚石		10 000HV	700～800	295	

近年来，高速钢刀具的性能已不够先进，但因其稳定性好，能接受成形加工，在刀具材料总消耗量中仍占近 1/2。在高速钢的基体上用物理气相沉积法（PVD）涂覆耐磨材料薄层（一般为 TiN），可显著延长刀具寿命，提高加工表面质量，降低切削力。这种涂层高速钢刀具也已得到广泛的应用。

硬质合金刀具是碳化物（WC、TiC 等）的粉末冶金制品。按晶粒的大小可分为普通硬质合金、细晶粒硬质合金和超细晶粒硬质合金；按化学成分可分为钨钴类（YG）、钨钴钛类（YT）和添加稀有碳化物类（YW）。由于钨钴钛类（YT）刀具与钛合金有强烈的亲和力，所以，目前在工业生产中获得广泛应用的仍然是钨钴类硬质合金 YG8、YG6、YG3 等。如果使用添加稀有金属的细晶粒硬质合金 YA6、YD15、YG10H、YS2 等，可延长刀具寿命，提高加工效率。

金刚石刀具具有极高的硬度和耐磨性，刃口锋利，摩擦因数低，弹性模量高，导热性好，与非铁金属亲和力小。金刚石类刀具适用于难加工材料的精加工和超精加工。金刚石的耐热温度只有 700 ~ 800℃，加工时必须进行充分的冷却和润滑。

立方氮化硼刀具的硬度虽然略低于金刚石，但却远远高于其他高硬度材料，而且热稳定性比金刚石高得多，可达到 1 200℃ 以上，适合高温干切削。其另一个优点是化学惰性大。由于立方氮化硼刀具加工高硬度零件时可获得良好的表面质量，因此，采用立方氮化硼刀具切削淬硬钢可实现"以切代磨"，表 1—2 给出了不同立方氮化硼含量的刀具切削应用推荐。

表 1—2　　　　　　　　不同 CBN 含量的刀具切削应用推荐

CBN 含量（%）	用　　途
50	连续切削淬硬钢（45 ~ 65HRC）
65	断续切削淬硬钢（45 ~ 65HRC）
80	加工镍铬铸铁
90	连续重载切削淬硬钢（45 ~ 65HRC）
80 ~ 90	高速切削铸铁（$v = 500 ~ 1 300$ mm/min，淬硬钢的半精加工和精加工）

陶瓷刀具材料是通过在氧化铝和氮化硅基体中分别加入碳化物、氮化物、硼化物、氧化物等得到的。陶瓷刀具的高温性能优于硬质合金，故适用于高速切削。Al_2O_3 基复合陶瓷刀具具有良好的耐磨性、耐热性和高温化学稳定性，不易与铁元素之间发生相互扩散或化学反应，其耐磨性和耐热性高于 Si_3N_4 基陶瓷刀具，因此其应用范围最广泛。而 Si_3N_4 基陶瓷刀具的断裂韧性和抗热振性高于 Al_2O_3 基陶瓷刀具，适合铸铁的高速切削。

（5）典型难加工材料与刀具材料的匹配

1）不锈钢。不锈钢因具有耐腐蚀性、耐热性、低温强度和机械特性好等特点，冲压、弯曲等热加工性好，以及在较高温度（>450°）具有较高强度等优点，所以在航空航天、机械制造、石油、化工及人们的日常生活中得到了广泛的应用。不锈钢的切削加工性较差，其加工性约是 45 钢的 1/2，切削时需选用红硬性高、抗弯强度高、耐磨、导热性好、抗黏结、抗扩散和抗氧化磨损性好的刀具材料。因此，常选用 YG 类及含 Ta（Nb）C 的 YW 类硬质合金。粗车时可选用 YG8 或 YG6，能大大地提高刀具耐用度。在连续切削条件下的高速精加工或半精加工宜选用 YT5、YT15、YW1 和 YW2 等硬质合金刀具，如图 1—74 所示为 YT 类硬质合金铣刀。

图 1—74 YT 类硬质合金铣刀

2）钛合金。钛合金具有比强度高、耐热性好、耐腐蚀性好等优良的力学性能和物理性能，不仅在航空航天及军工领域得到广泛的使用，而且逐渐开始渗透到生活的各个方面。但是钛合金本身的化学活性大、导热系数小、弹性模量小等特点给其切削加工带来了困难。刀具材料的选择对于钛合金的加工有很大影响，加工钛合金的理想刀具材料必须同时具备较高的红硬性，良好的韧性、耐磨性，高的导热系数和较低的化学活性。切削钛合金时宜选用与钛化学亲和作用小、导热系数高、强度高、晶粒度小的钨钴类硬质合金刀具材料，以不含或少含 TiC 的硬质合金为宜，如 YG8、YG3、YG6X、YG6A、YS2、YD15、YG10H 等牌号。若用金刚石和立方氮化硼切削钛合金效果更好，这是因为刀具导热性好，抗黏结，切削刃锋利。但是金刚石和立方氮化硼刀具价格较高，所以，在实际切削钛合金材料时还是以硬质合金刀具为主。如图 1—75 所示为 YG 类硬质合金铣刀。

3）淬硬钢和冷硬铸铁。淬硬钢是典型的耐磨和难加工材料，这类工件经淬火处理后硬度高达 50～65HRC，并且具有较高的强度和抗疲劳磨损能力。淬硬钢的切削加工性差，强度和硬度高，脆性大，导热性差，因此给切削加工造成很大困难。切削淬硬钢时宜选用红硬性高、耐磨、导热性好的刀具，可以选用硬质合金、陶瓷和立方氮化硼刀具材料。选用硬质合金时，一般以含 Ta（Nb）C 的 K 类和 M 类硬质合金为好，可选用 YW1、YW2、YN05、YT05 等牌号。由于陶瓷刀具耐磨性和耐热性好，切削时不仅可以提高刀具耐用度，还可在更高的切削速度范围内切削，从而提高生产效率，这是硬质合金刀具所不能比拟的。如图 1—76 所示为 YW1 类硬质合金刀片。

图1—75 YG类硬质合金铣刀

图1—76 YW1类硬质合金刀片

4）高锰钢。高锰钢的典型牌号有 Mn13、40Mn18Cr3、50Mn18Cr4 等。经过水热处理，金相组织为均匀的奥氏体。它的原始硬度虽不高，但其塑性和韧性特别高，加工硬化特别严重。硬化后硬度可达 500HBW。它的导热系数很小，只为 45 钢的 1/4。切削力比加工中碳钢时增大 60%，所以切削温度也很高。加工时应选用硬度高、有一定韧性、导热系数较大、高温性能好的刀具材料。一般粗加工时应选用 YG 类和 YW 类硬质合金；精加工时可用 YW 类或 YT14 硬质合金，用 Al_2O_3 陶瓷刀具进行高速精加工效果很好；宜采用较小的前角和主偏角，较大的后角，切削速度应较低，进给量应较大。如图 1—77 所示为 Al_2O_3 陶瓷刀片。

图1—77 Al_2O_3 陶瓷刀片

5）高强度钢。调质（淬火 + 高温回火）后屈服强度 $R_{eL} > 1\ 000$ MPa 或抗拉强度 $R_m > 1\ 100$ MPa 的结构钢，称为高强度钢；调质后屈服强度 $R_{eL} > 1\ 200$ MPa 或抗拉强度 $R_m > 1\ 500$ MPa 的结构钢称为超高强度钢。在这类钢材中，凡含碳量在 0.30% ~ 0.50% 之间，合金元素总含量不超过 6% 的为低合金高强度、超高强度钢，在生产中用得最多。还有合金元素含量较多的中合金、高合金高强度与超高强度钢，它们的加工难度更大。高强度、超高强度钢的金相组织一般为索氏体和托氏体。与普通碳素结构钢相比，它们的硬度、强度较高（约比45钢高出1倍或1倍以上），冲击韧度较高，导热系数偏低，故切削力较大，切削温度较高。加工高强度、超高强度钢时，可选用与加工普通碳素钢相同的刀具材料。根据粗加工、半精加工、精加工的要求，分别采用不同牌号的YT类硬质合金，最好是添加钽（铌）的牌号。高速精加工时，应采用高TiC含量的YT类硬质合金，也可采用YN类硬质合金（金属陶瓷）、涂层合金与Al_2O_3陶瓷。在工艺系统刚度允许的情况下，前角和主偏角应较小，刀尖圆弧半径应较大。采用低于加工中碳正火钢的切削用量，尤其是切削速度。如图1—78所示为YN类硬质合金刀片。

图1—78　YN类硬质合金刀片

6）热喷涂材料。利用不同热源，将合金粉末（Ni基、Fe基、Co基等）或陶瓷材料加热至熔化状态，并在较大压力和喷射速度下喷涂到刀具材料表面，从而形成一层牢固、耐高温、耐磨损的保护层。热喷涂材料的成分、性能及加工性都与高温合金相似，硬度尤其高，刀具材料及切削用量的选用原则也与高温合金相近。株洲厂的YC09硬质合金可加工热喷涂刀具，如图1—79所示。

图1—79　YC09硬质合金

7）石材。石材不仅是建筑材料，而且越来越多地用作机械工程材料。石材硬度高，脆性大，是典型的硬脆材料。例如，辉绿岩为HS80，大理石为HS50，花岗岩达HS100，具有抗压强度高、抗弯强度低、材质不如金属材料均匀等特性。加工时出粉状或粒状碎屑，一般用YG类硬质合金加工，切割时常采用金刚石镶齿锯片，如图1—80所示。

图 1—80　金刚石镶齿锯片

8）工程塑料。工程塑料的品种非常多，按其性质的不同可分为热塑性塑料和热固性塑料两大类。前者有聚氯乙烯、聚丙烯、有机玻璃等，后者有胶木、玻璃钢等。塑料的密度低、比强度高、耐磨损、耐腐蚀、不导电等特性使其具有良好的使用性能。它们的硬度、强度虽然不高，但导热系数极小，只为碳钢的 1/450 ~ 1/175，加工时容易引起烧伤和热变形，弹性模量小，不易保证加工尺寸。刀具材料一般选用 YG 类硬质合金或高速钢，如图 1—81 所示。

图 1—81　高速钢刀具

9）复合材料和纤维增强材料。复合材料可以由金属、高聚物和陶瓷等人工复合而成，复合材料包括纤维增强材料和颗粒增强材料。纤维增强材料包括碳纤维（CFRP）、玻璃纤维（GFRP）和 Kevlar 纤维（KFRP）等。纤维增强材料的弹性模量和导热系数都很小，已加工表面易发生回弹、撕裂，产生毛刺；纤维对刀具切削刃有一定擦伤作用，故表面质量不易保证，刀具耐用度也受影响；切削力和表面粗糙度常因切削方向不同而变化。刀具材料宜选用 YG 类硬质合金或高速钢。颗粒增强材料的基体（如铝合金）虽较软，但颗粒（如 SiC）很硬，对刀具切削刃有冲击和刮伤，故刀具受损伤很大。一般来说，高速钢、硬质合金和陶瓷刀具均无法胜任颗粒增强材料的切削工作，建议用 CBN 或金刚石刀具，但应采取增强刀具切削力的措施，如图 1—82 所示。

综上所述，在难加工材料的切削中，硬质合金的使用范围会受到一定的限制。由于资源、价格和性能的原因，陶瓷材料将得到大的发展，用以代替一部分硬质合金刀具。硬质合金材料中含有大量的 W、Co 元素，而 W、Co 资源属于不可再生资源，这样利用下去，将会枯竭。此外，我国的 Co 资源缺少，大部分依赖进口，因此，目前在刀具材料的应用与发展中十分注意节约 W 和 Co。陶瓷类刀具的成分是 N、O、Si、Al 等，这些元素在地球上的含量远多于 W 和 Co。因此，陶瓷类刀具代

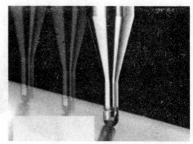

图1—82 CBN和金刚石刀具

替硬质合金刀具是一个必然的发展趋势。在未来难加工材料的切削加工中，必将会研发出既具有较高的强度和韧性，又具有较好的硬度和耐磨性的陶瓷刀具。

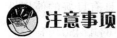 **注意事项**

1. 制定加工工艺时，尽量一次装夹进行多面加工，减少多次定位。

2. 尽量使用标准刀具，减少非标准刀具的使用，以降低成本。

3. 多次定位加工时，要尽量减少定位误差带来的影响。

4. 制定多轴加工工艺时，要考虑机床的结构和摆角的行程。

5. 要选用与被加工材料匹配的刀具进行加工，以延长刀具寿命，减少换刀次数，缩短辅助时间。

6. 进行后置处理时，要保证工件坐标系位置正确。

7. 选择加工策略及设定加工参数时，应尽量降低刀轴的变化幅度。

8. 生成NC代码后要进行仿真验证，确认无误后才能用于实际加工。

第2章

零件几何模型建立

第1节 几何模型建立与编辑

 学习目标

1. 掌握复杂模型的建立方法和思路。
2. 掌握逆向工程的工作流程。
3. 掌握 B 样条曲线的编辑方法。
4. 掌握曲面特征的编辑和处理方法。

 知识要求

一、逆向工程

随着工业技术的进步及经济的发展，在消费者的高产品质量的要求下，功能上的需求已不再是赢得市场的唯一条件。产品不仅要具有先进的功能，还要有流畅、富有个性的产品外观造型，以吸引消费者的注意。富有个性的产品外观要求必然使得产品的外观由许多复杂的自由曲面组成，然而传统的产品开发模式（即正向工程）很难用严密、统一的数学语言来描述这些自由曲面的数据。随着市场竞争的加剧，为了快速地响应市场，要求产品的研发、制造周期越来越短，传统的产品开发模式已经受到了挑战。

因此，为适应现代先进制造技术的发展，需要将实物样件或手工模型转化为 CAD 数据，以便利用快速成型系统（RP）、计算机辅助制造系统（CAM）、产品数据管理（PDM）等先进技术对其进行处理和管理，然后进行进一步的修改和再设计优化。此时，就需要一个一体化的解决手段，即样品—数据—加工—样品。逆向工程专门为制造业提供了一个全新、高效的重构手段，实现从实际物体到几何模型的直接转换。作为产品设计和制造的一种手段，在 20 世纪 90 年代初，逆向工程技术开始引起各国工业界和学术界的高度重视，逆向工程常用的处理软件有以下几类：

点云处理软件：Geomagic、Polyworks、Rapidform 等。

高阶曲面编辑软件：Imageware、i-deas 等。

设计软件：Pro/E、Ug、Catia、Solidworks 等。

逆向工程常常搭配使用的软件：Imageware + UG、Imageware + Pro/E、Geomagic + UG/Pro/E/Catia 等。

二、点云数据的获取

点云数据是通过特定的测量设备和测量方法获取零件表面离散点的几何坐标数据。根据测量探头或传感器是否与实物接触，可分为接触式测量和非接触式测量两类。

1. 接触式测量法

三坐标测量机（见图 2—1）是广泛采用的接触式测量设备，作为一种大型精密的测量仪器，其最初是用于制造产品的尺寸及精度检测，可以对具有复杂形状的工件的空间尺寸进行测量。在逆向工程应用方面，三坐标测量机也用作数据采集的主要手段，具有测量精度高、适应性强的优点，缺点是测量效率低，对一些软质表面无法进行测量。

2. 非接触式测量法

非接触式测量根据测量原理不同，分为光学测量、超声波测量、电磁测量等方式。与接触式测量相比较，其优势如下：

（1）采点速率高，能获取大量的点云。

（2）有一定景深，配合片区式扫描，使得编程简单。

（3）测量塑料件、橡胶件、薄壁件等工件时不受影响。

缺点是精度比接触式测量低，如图 2—2 所示为使用扫描仪采集数据。

图 2—1　三坐标测量机

图 2—2　使用扫描仪采集数据

三、采集点云

在采集点云时，首先要了解工件的用途、设计的目的，从而划分不同的区域。对于功能部分，要明确其配合的位置是如何配合的，要实现哪些功能。对于注重表面质量的区域，要对面的构成进行分析。如图 2—3 所示，要分析出构成该曲面的主要曲线。

1. 在扫描工件时，对工件的总体构成要有所了解，做到有的放矢，尽量花最少的时间得到最有效的点云。如图 2—4 所示，通过扫描曲面，分析出零件曲面上部分特征点的构成。

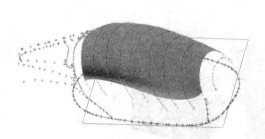

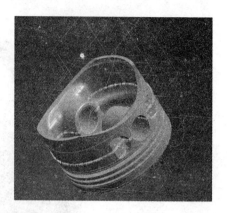

图 2—3　构成该曲面的主要曲线　　　　图 2—4　零件曲面上点的构成

对于尺寸要求很高的位置，要仔细考虑测针半径对该部位曲面形状的影响。设计软件时可以用曲面的方式对整个面进行偏置处理，校准测针后，计算出有效的测针补偿半径是多少。如图 2—5 所示为进行偏置后的点云。

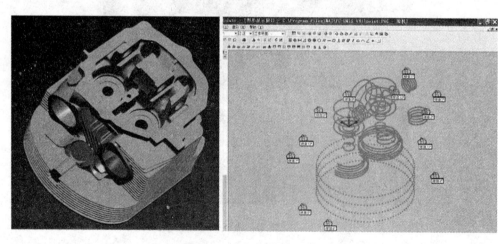

图 2—5　进行偏置后的点云

2. 通过设计软件的统一偏置，准确地由点云得到复杂的曲面形状，如图 2—6 所示。

四、点云数据处理及曲面构造的一般流程

1. 打开扫描点数据或其他曲线。

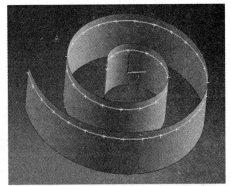

图 2—6 由点云获得的零件曲面

2. 用适当的方式显示出来（display）。

3. 点云数据优化处理（删除、过滤）。

4. 点云数据编辑（合并、对齐、网格化）。

5. 将点云分割成易处理的截面。

6. 从点云截面中构造出新的点云，以便构造曲线。

7. 用曲线和点云构造出曲面。

8. 评估曲面品质，进行修改。

五、样条曲线

样条曲线是指给定一组控制点而得到一条曲线，曲线的大致形状由这些点予以控制，一般可分为插值样条和逼近样条两种。插值样条通常用于数字化绘图或动画的设计；逼近样条一般用来构造物体的表面。在数学的子学科数值分析里，B 样条是样条曲线的一种特殊表示形式，它是 B 样条基曲线的线性组合。B 样条是贝兹曲线的一种，可以进一步推广为非均匀有理 B 样条（NURBS），使得人们能给更多的几何体建造精确的几何模型。术语 B 样条是 Isaac Jacob Schoenberg 创造的，是基（basis）样条的缩略。B 样条曲线曲面具有几何不变性、凸包性、保凸性、变差减小性、局部支承性等许多优良性质，是目前 CAD 系统常用的几何表示方法。因而基于测量数据的参数化和 B 样条曲面重建，是逆向工程的研究热点和关键技术之一。目前的 CAD 系统进行造型时大量使用 B 样条曲线，它们具有良好的光顺性，修改也很方便。

1. B 样条曲线的分类

B 样条曲线分为闭曲线和开曲线，按其节点矢量中节点的分布情况不同，可划分为以下四种类型：

（1）均匀B样条曲线

均匀B样条曲线的节点矢量中节点为沿参数轴均匀或等距分布，所有节点区间长度为常数，这样的节点矢量定义了均匀的B样条基。如图2—7所示为一条三次均匀的B样条曲线。

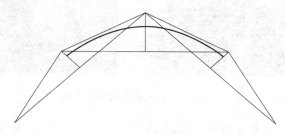

图2—7　三次均匀的B样条曲线

（2）准均匀B样条曲线

准均匀B样条曲线与均匀B样条曲线的区别在于准均匀B样条曲线的两端节点具有重复度k，这样的节点矢量定义了准均匀的B样条基。均匀B样条曲线没有保留Bezier曲线端点的几何性质，即样条曲线的首末端点不再是控制多边形的首末端点。采用准均匀的B样条曲线解决了这个问题。如图2—8所示为一条准均匀三次B样条曲线。

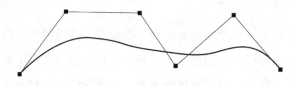

图2—8　准均匀三次B样条曲线

（3）分段Bezier曲线

节点矢量中两端节点具有重复度k，所有内节点重复度为$k-1$，这样的节点矢量定义了分段的Bernstein基。B样条曲线用分段Bezier曲线表示后，各曲线段就具有了相对的独立性，移动曲线段内的一个控制顶点只影响该曲线段的形状，对其他曲线段的形状没有影响，而且Bezier曲线一整套简单、有效的算法都可以原封不动地采用。缺点是增加了定义曲线的数据、控制顶点数和节点数。如图2—9所示为一条三次分段Bezier曲线。

（4）非均匀B样条曲线

任意分布的节点矢量，只要在数学上成立（节点序列非递减，两端节点重复

度≤k，内节点重复度≤$k-1$）都可选取，这样的节点矢量定义了非均匀 B 样条
基。如图 2—10 所示为一条非均匀 B 样条曲线。

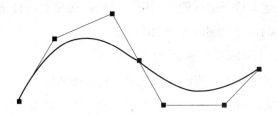

图 2—9　三次分段 Bezier 曲线

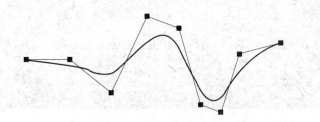

图 2—10　非均匀 B 样条曲线

2. 样条曲线的主要术语

（1）样条曲线的阶次（Degree）

阶次是指定义样条曲线多项式公式的幂次数。样条曲线的阶次与构造样条曲
线的段数（Segment）有关，它总是比每段样条曲线的点数少 1，UG 最高可以使
用 24 次样条曲线。在逆向工程中最好使用低阶次的曲线。低阶次曲线的优点如
下：

1）更加光顺。

2）更加灵活靠近它们的极点。

3）使后续操作运行更快。

4）便于数据交换（因为许多系统只接受三次曲线）。

（2）样条曲线的段数（Segment）

1）单段方式。单段样条曲线的阶次由定义点的数量控制，阶次 = 点数－1，
因此，单段样条曲线最多只能使用 25 个点。这种构造方式受到一定的限制，定义
点的数量越多，样条曲线的阶次越高，样条曲线的形状常常会出现意外结果，因此
一般不建议采用。另外，单段样条曲线不能封闭。

2）多段方式。多段样条曲线的阶次由用户指定（≤24），样条曲线定义点的
数量没有限制，但至少比阶次多一点（例如，五次样条曲线至少需要六个定义

点）。在汽车设计中，一般采用 3~5 次样条曲线。

（3）定义点（Defining Points）

定义点是用来定义样条曲线的点。使用过极点法建立的样条曲线没有定义点，某些编辑样条曲线的命令会删除样条曲线的定义点。

（4）节点（Knot point）

节点是每段样条曲线的端点，主要针对多段样条曲线，单段样条曲线只有两个节点，即起点和终点。如图 2—11 所示为样条曲线的控制点、极点、定义点。

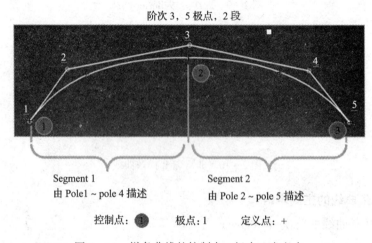

图 2—11　样条曲线的控制点、极点、定义点

3. 构造样条曲线的常用方法

构造样条曲线的常用方法如图 2—12 所示。

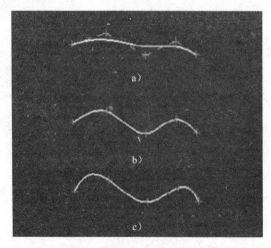

图 2—12　构造样条曲线的常用方法

a）过极点法　b）过点法　c）最小二乘法拟合

（1）过极点法（By Poles）

过极点法是指样条曲线不通过定义点，定义点作为样条曲线的控制点，该方法有助于控制样条曲线的整体形状，以避免不必要的波动。

（2）过点法（Through Points）

过点法是指样条曲线精确通过每个定义点。

（3）最小二乘法拟合（Fit）

最小二乘法拟合是指在指定的公差范围内将一系列定义点拟合成样条曲线的方法，所有在样条曲线上的点和定义点之间距离的平方和是最小的。该方法有助于减少定义样条曲线所需的点数，并确保样条曲线光顺。读取三坐标测量机采集的密集点，并用最小二乘法拟合构造样条曲线，往往能取得较好的结果。

4．样条曲线的编辑

样条曲线的编辑通常是通过对各控制点的斜率和曲率的编辑来实现的，也可通过形状分析里的曲线分析进行编辑。

（1）使用过点法建立多段样条曲线时，可以对样条曲线的一个或所有的定义点指定斜率。

1）自动斜率。系统根据所选择的定义点，自动推测并且计算该点的斜率。

2）矢量分量。通过相对坐标定义斜率。首先选择样条曲线的一个定义点，再输入相对于该点的坐标值增量 DXC、DYC、DZC，这两点连线的斜率就是该定义点的斜率。

3）方向点。通过指定一个点来定义斜率。首先选择样条曲线的一个定义点，再用点构造器指定一个点，这两点连线的斜率就是该定义点的斜率。

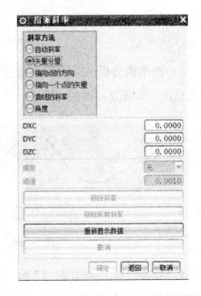

4）指向一个点的矢量。与方向点相同，区别在于两点之间的距离对该点的斜率有较大的影响。

5）曲线的斜率。参考其他曲线的斜率。

6）角度。使用一个角度值定义样条曲线定义点的斜率，角度测量从 X 轴开始，按逆时针方向为正值。

如图 2—13 所示为几种样条曲线编辑方法的对话框。

图 2—13　样条曲线编辑方法的对话框

（2）曲线分析用于分析和评估曲线的质量，如图2—14所示为几种曲线分析方法的图标，给用户一个动态的反馈信息。

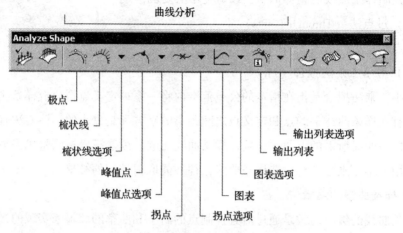

图2—14　几种曲线分析方法的图标

1）显示极点。如图2—15所示，用来显示样条曲线的极点，并且显示的极点会随着样条曲线的变化而更新。

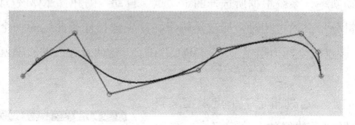

图2—15　显示样条曲线的极点

2）曲率梳分析。曲率梳是指用梳状图形的方式来显示样条曲线上各点的曲率变化情况，如图2—16所示。

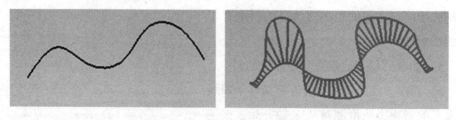

图2—16　样条曲线的曲率梳显示

3）峰值分析。如图2—17所示，用来显示样条曲线的峰值点，峰值点是指曲线的曲率值达到局部最大值的点。

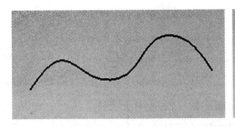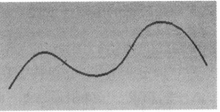

图 2—17　样条曲线的峰值显示

4）拐点分析。如图 2—18 所示，用来显示样条曲线的拐点，拐点是指曲线的曲率梳从曲线的一侧转到曲线的另一侧时的转折点。

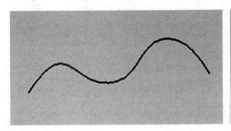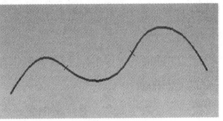

图 2—18　样条曲线的拐点显示

5）图表分析。此功能将曲线的曲率显示在曲率图表窗口中，系统自动使用 Excel 软件将图表打开，见表 2—1。

表 2—1　　　　　　　　　样条曲线的曲率显示表

	A	B	C	D	E	F	G
1	0.02	0.005768	0.5	−0.01559			
2	0.036203	0.003607					
3	0.052407	0.003206					
4	0.06861	0.003304					
5	0.084814	0.003748					
6	0.101017	0.004598					

六、曲面特征的编辑与处理

曲面是指空间具有两个自由度的点构成的轨迹。它与实体模型一样，都是模型主体的重要组成部分，但又不同于实体特征。区别在于曲面有大小但没有质量，在特征的生成过程中，不影响模型的特征参数。曲面建模广泛应用于飞机、汽车、电机及其他工业造型的设计过程，用户利用它可以很方便地设计产品上的复杂曲面形状。

1. 曲面造型的常用概念

一般来说，UG 的曲面建模模块首先通过曲线构造方法生成主要或大面积曲面，然后通过曲面的局部过渡、连接、光顺处理和曲面的编辑等完成整体造型。在使用过程经常会遇到以下一些常用概念：

（1）行与列

行定义了曲面的 U 方向，列是大致垂直于曲面行方向的纵向曲线方向，即 V 方向。

（2）曲面的阶次

阶次是一个数学概念，是定义曲面三元方程的最高次数。建议用户尽可能采用三次曲面，阶次过高会使系统计算量过大，产生意外结果，在数据交换时容易使数据丢失。

（3）公差

一些自由形状曲面建立时采用近似方法，需要使用距离公差和角度公差，它们分别反映出近似曲面与理论曲面所允许的距离误差和曲面法向角度允许误差。

（4）截面线

截面线是指控制曲面 U 方向的方位和尺寸变化的曲线组，可以是多条或者是单条曲线。截面线不必光顺，而且每条截面线内的曲线数量可以不同，一般不超过 150 条。

（5）引导线

引导线用于控制曲线 V 方向的方位和尺寸，可以是样条曲线、实体边缘和曲面的边缘，可以是单条曲线，也可以是多条曲线。引导线最多可选择三条，并且需要光顺连续。

2. 曲面造型的基本原则

曲面建模不同于实体建模，其不是完全参数化的特征。在曲面建模时需要注意以下几个基本原则。

（1）创建曲面的边界曲线应尽可能简单。一般情况下，曲线阶次不大于三，当需要曲率连续时，可以考虑使用五阶曲线。

（2）用于创建曲面的边界曲线要保持光滑、连续，避免产生尖角、交叉和重叠。另外，在创建曲面时需要对所利用的曲线进行曲率分析，曲率半径尽可能大；

否则，会造成加工困难或使形状复杂。

（3）避免创建非参数化曲面特征。

（4）曲面要尽量简洁，够大即可，尽量不进行裁剪，曲面的张数要尽量少。

（5）根据不同部件的形状特点，合理使用各种曲面的特征创建方法。尽量采用实体修剪，再采用挖空方法创建薄壳零件。

（6）曲面特征之间的圆角过渡应尽可能在实体上进行操作。

（7）曲面的曲率半径和内圆角半径不能太小，要略大于标准刀具的半径；否则容易造成加工困难。

3．曲面造型的一般过程

一般来说，创建曲面都是从曲线开始的，可以通过点创建曲线来创建曲面，也可以通过抽取或使用视图区已有的特征边缘线创建曲面。曲面一般的创建过程如下：

（1）首先创建曲线。可以用测量得到的点云创建曲线，也可以从光栅图像中勾勒出用户所需的曲线。

（2）根据创建的曲线，利用过曲线、直纹、过曲线网格、扫掠等选项，创建产品的主要或者大面积的曲面。

（3）利用桥接面、二次截面、软倒圆、N－边曲面选项，对前面创建的曲面进行过渡接连、编辑或者光顺处理，最终得到完整的产品模型。

4．曲面的编辑方法

对于创建的曲面，往往需要通过一些编辑操作才能满足设计要求。曲面编辑操作作为一种高效的曲面修改方式，在整个建模过程中起着非常重要的作用。可以利用编辑功能重新定义曲面特征的参数，也可以通过变形和再生工具对曲面直接进行编辑操作。

曲面的创建方法不同，其编辑的方法也不同，下面对几种常用的曲面编辑方法进行介绍。

（1）X 成形

X 变形是指通过一系列的变换类型以及高级变换方式对曲面的点进行编辑，从而改变原曲面。

单击“曲面形状”工具栏中的“X 变形”按钮，打开“X 变形”对话框，如图 2—19 所示为进行移动控制点编辑后生成的曲面。

（2）等参数的修剪与分割

该方法是指按照一定的百分比在曲面的 U 方向和 V 方向进行等参数的修剪和分割。

单击“编辑曲面”工具栏中的“等参数修剪/分割”按钮，打开“修剪/分割”对话框，如图 2—20 所示为进行等参数修剪/分割编辑后生成的曲面。

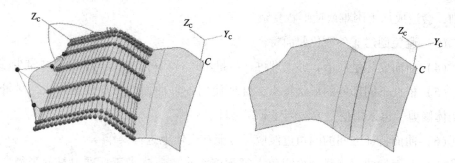

图2—19　进行移动控制点编辑后生成的曲面

 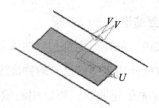

图2—20　进行等参数修剪/分割编辑后生成的曲面

（3）剪断曲面

剪断曲面是以指定点为参照，分割或剪断曲面中不需要的部分。"剪断曲面"不同于"修剪曲面"，因为剪断操作实际修改了输入曲面几何体，而修剪操作保留曲面不变。

（4）创建剪断曲面

单击"自由曲面形状"工具栏中的"剪断曲面"按钮，打开"剪断曲面"对话框，如图2—21所示为使用剪断曲面功能编辑后生成的曲面。

 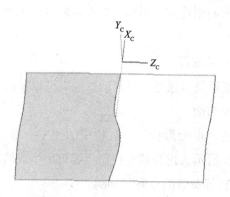

图2—21　使用剪断曲面功能编辑后生成的曲面

（5）扩大曲面

该选项用于在选取被修剪的或原始表面基础上生成一个扩大或缩小的曲面。单击"编辑曲面"工具栏中的"扩大曲面"按钮，打开"扩大曲面"对话框，如图 2—22 所示为使用扩大曲面功能编辑后生成的曲面。

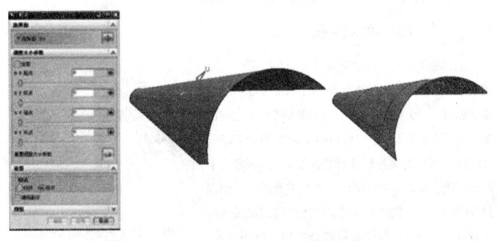

图 2—22　使用扩大曲面功能编辑后生成的曲面

对该对话框中各项参数说明如下：

1）线性。它是指曲面上的延伸部分是沿直线延伸而成的直纹面，该选项只能扩大曲面，不可以缩小曲面。

2）自然。它是指曲面上的延伸部分是按照曲面本身的函数规律延伸的，该选项既可以扩大曲面也可以缩小曲面。

3）全部。它用于同时改变 U 向与 V 向的最大值和最小值，只要移动其中一个滑块，便可以同时移动其他滑块。

4）重置和重新选择面。它用于重新开始或更换编辑面。

5）编辑副本。它用于对编辑后的曲面进行复制，以方便后续操作。

6）变换曲面。变换曲面是指通过动态方式对曲面进行一系列的缩放、旋转或平移操作，并移除特征的相关参数。

创建变换曲面时，单击"自由曲面形状"工具栏中的"变换片体"按钮，打开"变换曲面"对话框，如图 2—23 所示为使用变换曲面功能编辑后生成的曲面。

图 2—23　使用变换曲面功能编辑后生成的曲面

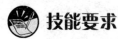 **技能要求**

下面以头盔为例简单介绍逆向工程的工作流程。

一、零件原形的数字化

通常采用三坐标测量机或三维激光扫描仪（见图2—24）等测量装置来获取零件原形表面点的三维坐标值。三坐标测量机的特点是高精度（达到微米级）、高效率（数十、数百倍于传统测量手段）、万能性（可代替多种尺寸计量仪器），因而多用于产品测绘、复杂型面检测、工具和夹具测量、研制过程中间测量、数控机床或柔性生产线的在线测量等方面。一台三坐标测量机综合应用了电子技术、

图2—24　三维激光扫描仪

计算机技术、数控技术、光栅测量技术（激光技术）、精密机械技术（包括新工艺、新材料和气浮技术）以及各种类型的测头系统等，能完成各种复杂零件的测量工作，还可以与计算机辅助设计软件和加工设备联用，用于产品的检验（几何误差和复杂型面的测量，工具、夹具、模具的测量，数控机床或柔性生产线的在线测量）等。

三维激光扫描技术又称实景复制技术，是测绘领域中继全球卫星定位系统（GPS）技术之后的一次技术革命。它突破了传统的单点测量方法，具有高效率、高精度的独特优势。三维激光扫描技术能够提供扫描物体表面的三维点云数据，因此，可以用于获取高精度、高分辨率的数字模型。它通过高速激光扫描测量的方法，大面积、高分辨率地快速获取被测对象表面的三维坐标数据。其具有快速性、不接触性、穿透性、实时性、动态性、主动性及高密度、高精度、数字化、自动化等特性。由此类设备可完成样件构成曲面控制点的采集工作，把采集的点位数据文件保存下来。

二、数据导入

数据导入是指将点位数据文件调入软件（可多个文件依次打开），用于生成曲线或曲面的造型，如图2—25所示。

三、数据显示

数据显示用于显示点云，仔细观察点云的大致走向及趋势，如图2—26所示为导入多个点位数据文件后显示的结果。仔细检查点云位置趋势是否合理，是否有个别不符合规律的点。

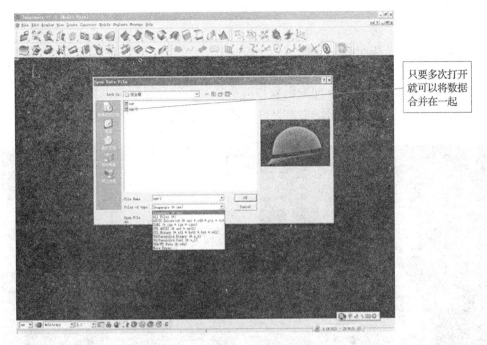

只要多次打开
就可以将数据
合并在一起

图 2—25　调入点位数据文件

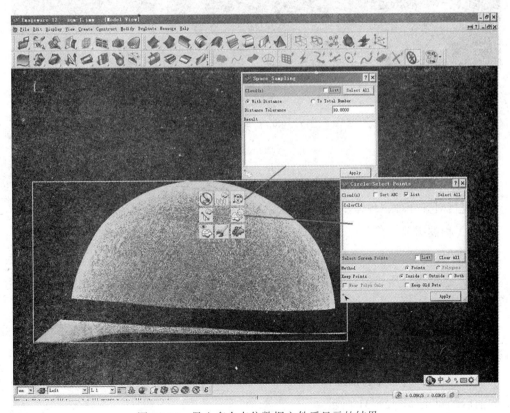

图 2—26　导入多个点位数据文件后显示的结果

四、数据优化处理（删除、过滤）

数据优化处理是利用各种编辑处理的功能对不符合规律的点进行（对齐、光顺等）处理后，再检查显示结果是否符合要求，如图2—27所示。

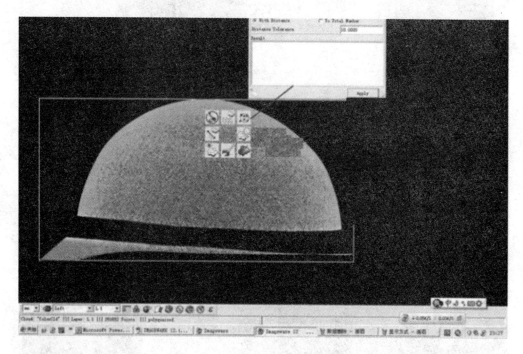

图2—27　点位数据进行优化处理

五、点云编辑

进行对齐处理，具体步骤如下：

1. 根据需要，截取一个由点云拟合出的平面，作为对齐的参考平面，如图2—28所示。

2. 选择点位所要拟合对齐的平面，一般为 XY、XZ、YZ 平面，如图2—29所示。

3. 使用最佳拟合功能，把拟合平面对齐到点位数据所要对齐的平面上，如图2—30所示。

4. 使用对齐功能，使点位数据按照所要求的平面进行"对齐"编辑，点位对齐前后的对比如图2—31所示。

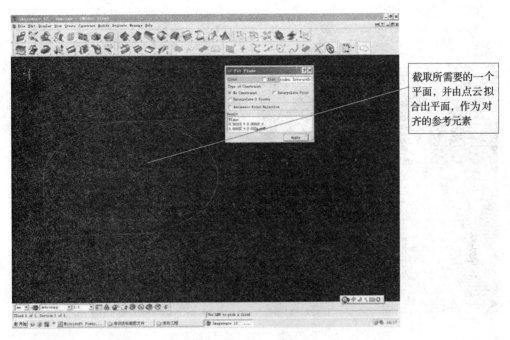

截取所需要的一个平面，并由点云拟合出平面，作为对齐的参考元素

图 2—28 由点云拟合出参考平面

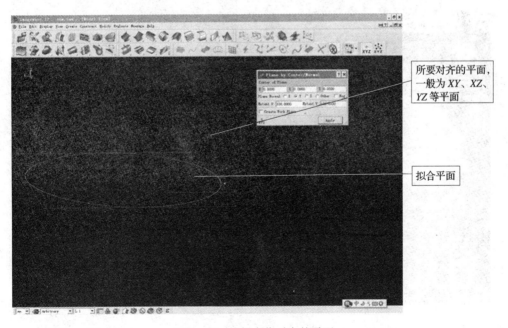

所要对齐的平面，一般为 *XY*、*XZ*、*YZ* 等平面

拟合平面

图 2—29 选择点位对齐的平面

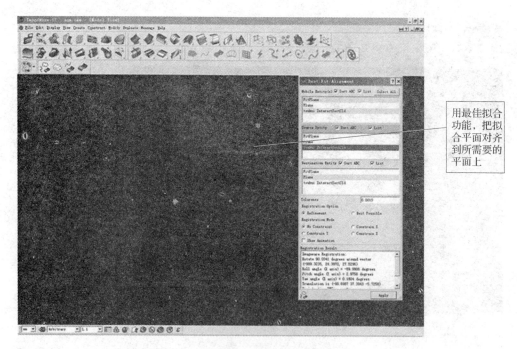

用最佳拟合功能，把拟合平面对齐到所需要的平面上

图2—30 把拟合平面对齐到所需要的平面上

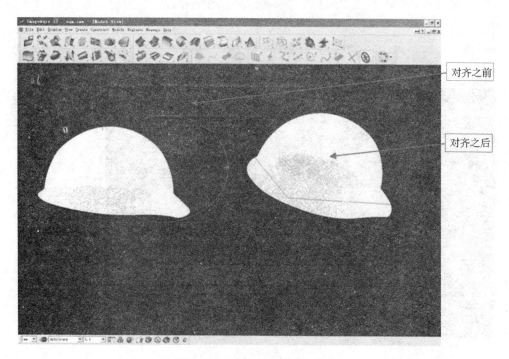

对齐之前

对齐之后

图2—31 点位对齐前后的对比

六、构造曲线

构造曲线是指把在不同平面高度上具有形状控制功能的点用样条曲线连接起来，构成多条样条曲线，产生构造曲面的骨架，如图 2—32 所示。

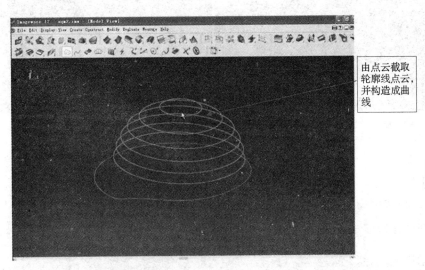

由点云截取轮廓线点云，并构造成曲线

图 2—32　点位数据生成样条曲线

七、构造曲面

构造曲面是指使各样条曲线按照一定规则生成符合条件的曲面，具体步骤如下：

1. 使各高度样条曲线的起点在某一位置对齐，同时各样条的型值点更有规则，使生产的曲面更加光顺，如图 2—33 所示。

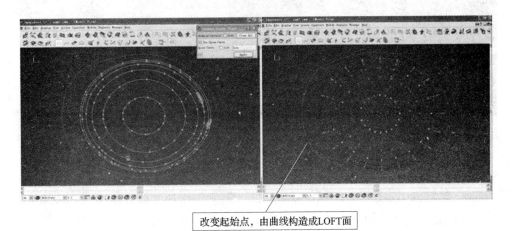

改变起始点，由曲线构造成LOFT面

图 2—33　对齐各样条曲线的起始点

2. 由样条曲线生成曲面，曲面可着色显示，如图2—34所示。

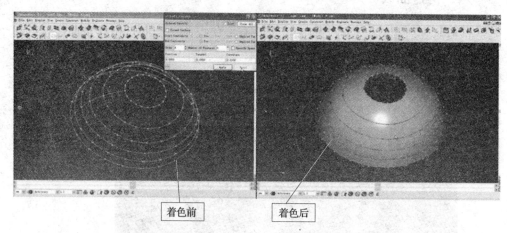

着色前　　　　　　着色后

图2—34　栅格及着色显示曲面

3. 再次调用头盔顶部的点位数据文件，生成头盔的顶部曲面，并且要与已生成的曲面保持曲率连续，如图2—35所示。

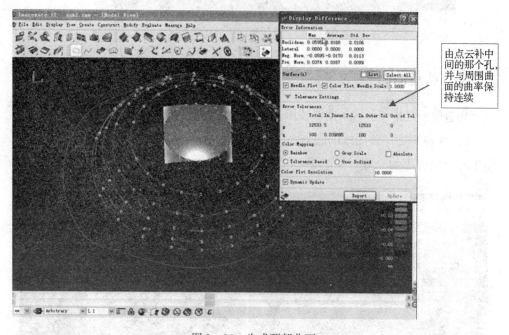

由点云补中间的那个孔，并与周围曲面的曲率保持连续

图2—35　生成顶部曲面

4. 最后调用帽檐部分的点位数据文件，生成帽檐部分的样条曲线，再生成曲面，并且要与已生成的曲面保持曲率连续，如图2—36所示。

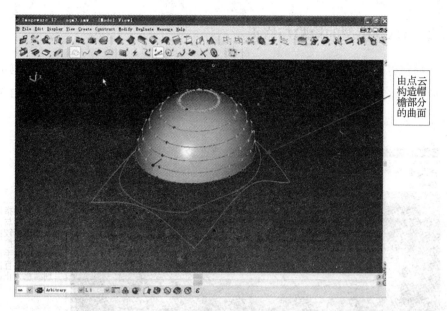

图 2—36　生成帽檐曲面

八、曲面光顺性检查

利用检查工具，检查所生成的曲面光顺性是否符合要求，并且查看结果是否正确，如图 2—37 所示。

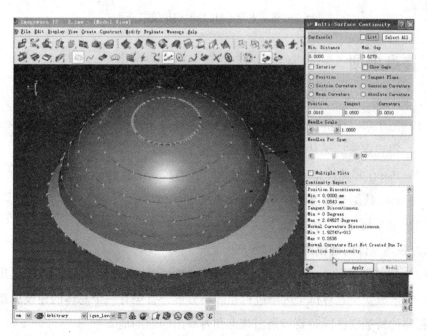

图 2—37　曲面光顺性检查项目

九、CAD 模型的检验与修正

根据获得的 CAD 模型，利用测量样品的方法检测 CAD 模型是否满足精度或其他试验性能指标的要求，对不满足要求者重复以上过程，直至达到零件逆向工程的设计要求为止，如图 2—38 所示。

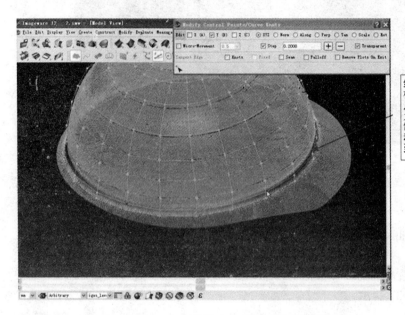

红色部分指构造曲面与点云误差较大，通过控制点可以手动调节，直到满意为止

图 2—38　重建 CAD 模型的检验与修正

注意事项

1. 逆向造型中常见的问题

（1）不了解系统的造型流程，拿到工件后无从下手。

（2）得到点云后无从下手，对曲面结构不了解。

（3）Part（零件模型）数据非常庞大，没有统一的思路。

（4）Part 数据非常混乱，没有统一的规划。

（5）缺少技巧性。

2. 采用整体的建模思路

（1）把特征（Feature）分解。分析零件的形状特点，然后把它隔离成几个主要的特征区域，接着对每个区域进行粗线条分解，直至有一个总体的建模思路以及一个粗略的特征图，同时要辨别出难点和容易出问题的地方。

（2）进行基础特征设计（Base Feature），做出零件的毛坯形状。

（3）使用详细设计（利用 Form Feature：+／－ Materials），先粗后细，先做粗略的形状，再逐步细化；先做大尺寸形状，再完成局部的细化；先外后里，先做外表面形状，再细化内部形状等。

（4）使用细节设计（利用 Feature Operation），如倒圆角、斜角、各类孔系及各类沟槽等。

第2节　夹　具　建　模

 学习目标

1. 掌握夹具设计的基本知识。
2. 掌握数控机床常用夹具与附件的用法。
3. 掌握工件在夹具中的夹紧方法。
4. 掌握组合夹具的建模与装配的常用方法。

 知识要求

一、夹具的定义

夹具是机械制造过程中用来固定加工对象（毛坯或半成品），使之占有正确的位置，以接受加工或检测的装置，又称卡具。从广义上说，在工艺过程中的任何工序，用来迅速、方便、安全地安装工件的装置，都可称为夹具，如焊接夹具、检验夹具、装配夹具、机床夹具等。

二、夹具的分类

夹具按使用特点可分为以下几类。

1. 万能通用夹具

万能通用夹具如机用虎钳、卡盘、吸盘、分度头和回转工作台等，有很大的通用性，能较好地适应加工工序和加工对象的变换，其结构已定型，尺寸、规格已系列化，其中大多数已成为机床的一种标准附件，如图2—39所示为分度卡盘与精密虎钳。

图 2—39   分度卡盘与精密虎钳

2. 专用夹具

专用夹具是为某种产品零件在某道工序上的装夹需要，而专门设计制造的夹具。专用夹具服务对象专一，针对性很强，一般由产品制造厂自行设计。常用的有车床夹具、铣床夹具、钻模夹具（引导刀具在工件上钻孔或铰孔用的机床夹具）、镗模夹具（引导镗刀杆在工件上镗孔用的机床夹具）和随行夹具（用于组合机床自动线上的移动式夹具），如图 2—40 所示为气动专用夹具。

图 2—40   气动专用夹具

3. 可调夹具

可调夹具是通过更换或调整某些元件为某一类零件设计制造的专用夹具，如图 2—41 所示。

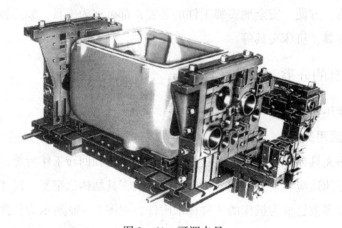

图 2—41   可调夹具

4. 组合夹具

组合夹具是由不同形状、规格和用途的标准化元件组成的夹具。组合夹具适用于新产品试制和产品经常更换的单件、小批量生产以及临时任务，如图 2—42 所示为加工中心组合夹具。

图 2—42　加工中心组合夹具

三、夹具的组成

在机床上加工工件时，为使工件的表面能达到图样规定的尺寸、几何形状以及与其他表面的相互位置精度等技术要求，加工前必须将工件装好（定位）、夹牢（夹紧）。夹具通常由定位元件（确定工件在夹具中的正确位置）、夹紧装置、对刀引导元件（确定刀具与工件的相对位置或引导刀具方向）、分度装置（使工件在一次安装中能完成数个工位的加工，有回转分度装置和直线移动分度装置两类）、连接元件以及夹具体（夹具底座）等组成。根据这些元件在夹具中的不同作用，具体可以分为以下几类。

（1）定位元件：起定位作用，消除工件自由度的元件。

（2）夹紧元件：起夹紧作用，固定工件的元件。

（3）自动定心元件或装置：可同时起定位与夹紧作用的元件或部件。

（4）夹具体：用以连接夹具上所有元件和装置，使其成为一个夹具整体的零件。

（5）引导元件：引导刀具并确定刀具对夹具的相对位置的元件。

（6）分度元件或装置：用于改变工件与刀具的相对位置以获得多个工位的元件。

（7）靠模元件或装置：用来加工型面的元件或部件。

（8）动力元件或装置：在非手动夹具中用来产生动力的部分，如气缸等。

（9）其他元件：包括与机床连接用的零件、各种连接件、特殊元件以及其他辅助元件。

四、组合夹具

组合夹具是由可反复使用的标准夹具零部件（或专用零部件）组装成易于连接和拆卸的夹具，也称柔性组合夹具。组合夹具是由一套由各种不同形状、规格和用途的标准化元件和部件组成的机床夹具系统。使用时，按照工件的加工要求可从中选择适用的元件和部件，以搭积木的方式组装成各种专用夹具。为了适应不同外形尺寸的工件，机床组合夹具系统在机床加工行业中分为大型、中型和小型三个系列，每个系列的元件按照用途可分为八类。

1. 基础件

基础件是指方形、矩形、圆形基础板和基础角铁等，用作夹具体。

2. 支承件

支承件是指垫片、垫板、支承板、支承块和伸长板等，主要用作不同高度的支承。

3. 定位件

定位件是指定位销、定位盘、V形块和定位支承块等，用于确定元件与元件、元件与工件之间的相对位置。

4. 导向件

导向件是指钻模板、钻套和铰套等，用于确定刀具与工件的相对位置。

5. 夹紧件

夹紧件是指各种压板等，用于将工件夹紧在夹具上。

6. 紧固件

紧固件是指螺栓和螺母等，用于紧固各元件。

7. 其他件

其他件是指上述六类以外的各种用途的元件。

8. 合件

合件是指在组装过程中不拆散使用的独立部件，有定位合件、导向合件和分度合件等。

如图2—43所示是一种组合夹具。

图 2—43　组合夹具

为了便于组合并获得较高的组装精度，组合夹具元件本身的制造精度为 IT7 ~ IT6 级，并要有很好的互换性和耐磨性。一般情况下，组装成的夹具能加工 IT8 级精度的工件，经过仔细调整，也可加工 IT7 ~ IT6 级精度的工件。

五、夹具设计的基本原则

（1）满足使用过程中工件定位的稳定性和可靠性。

（2）有足够的承载或夹持力度，以保证工件在工艺装备和夹具上进行的加工或装配过程平稳。

（3）满足装夹过程中的简单与快速操作。

（4）易损零件必须是可以快速更换的结构，条件充分时最好不需要使用其他工具。

（5）满足夹具在调整或更换过程中重复定位的可靠性。

（6）尽可能避免夹具结构复杂、成本昂贵的设计。

（7）尽可能选用市场上质量可靠的标准件作组成零件。

（8）夹具使用满足国家或地区的安全法规法令。

（9）设计方案遵循手动、气动、液压、伺服的依次优先选用原则。

（10）形成公司内部产品的系列化和标准化。

六、工件的夹紧

1. 夹具夹紧装置的组成

工件在夹具中正确定位后，由夹紧装置将工件固定在某一正确的位置，如图2—44所示，夹具夹紧装置的基本组成如下。

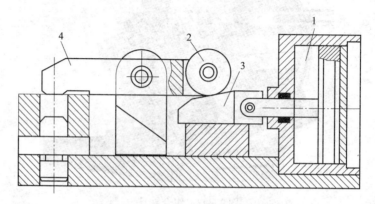

图2—44　夹具夹紧装置的基本组成

1—气缸　2—滚子　3—斜楔　4—压板

（1）动力装置

产生夹紧动力的装置。

（2）夹紧元件

直接用于夹紧工件的元件。

（3）中间传力机构

将原动力以一定的大小和方向传递给夹紧元件的机构。

在有些夹具中，夹紧元件（见图2—44中的压板4）往往就是中间传力机构的一部分，难以区分，一般统称为夹紧机构。

2. 对夹紧装置的要求

（1）夹紧过程不得破坏工件在夹具中占有正确的定位位置。

（2）夹紧力要适当，既要保证工件在加工或装配过程中定位的稳定性，又要防止因夹紧力过大损伤工件表面或使工件产生过大的夹紧变形。

（3）操作安全、省力。

（4）结构应尽量简单，便于制造，便于维修。

3. 夹紧力的确定

（1）夹紧力作用点的选择

1）夹紧力的作用点应正对定位元件或位于定位元件所形成的支承面内，以确保工件夹紧过程中处于正确位置。如果夹紧力的作用点选择不合理，会引起工件受力变形或移动，如图 2—45 所示。

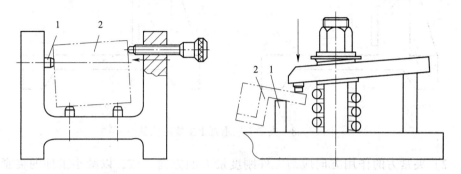

图 2—45 夹紧力作用点不合理的选择

1—定位元件 2—工件

2）夹紧力的作用点应位于工件刚性较好的部位，如图 2—46 所示，夹紧力作用点的选择，虚线所示位置为不合理的作用点，实线所示位置比较合理。

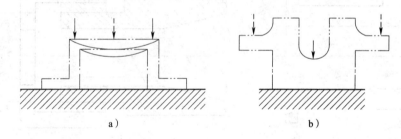

a）   b）

图 2—46 夹紧力的作用点应位于工件刚性较好的部位

3）夹紧力作用点应尽量靠近加工表面，使夹紧稳固可靠，如图 2—47 所示。

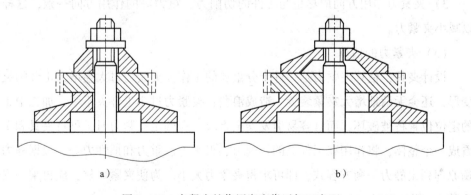

a）   b）

图 2—47 夹紧力的作用点应靠近加工表面

（2）夹紧力作用方向的选择

1）夹紧力的作用方向应垂直于工件的主要定位基面，如图 2—48 所示。

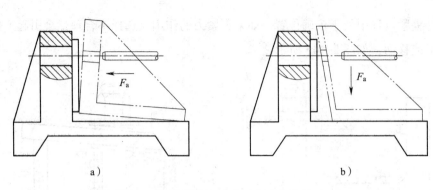

图 2—48　夹紧力应垂直于主要定位基面

2）夹紧力的作用方向应与工件刚度最大的方向一致，以减小工件的夹紧变形，如图 2—49 所示。

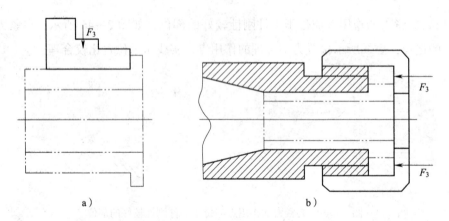

图 2—49　夹紧力应与工件刚度最大的方向一致

3）夹紧力作用方向应尽量与工件的切削力、重力等的作用方向一致，这样可以减小夹紧力。

（3）夹紧力的估算

设计夹具，估算夹紧力是一件十分重要的工作。夹紧力过大会增大工件的夹紧变形，还会无谓地增大夹紧装置，造成浪费；夹紧力过小工件夹不紧，加工中工件的定位位置将被破坏，而且容易引发安全事故。在确定夹紧力时，可将夹具和工件看成一个整体，将作用在工件上的切削力、夹紧力、重力和惯性力等，根据静力平衡原理列出静力平衡方程式，即可求得夹紧力大小。为使夹紧可靠，应再乘一安全系数 k，粗加工时取 $k = 2.5 \sim 3$，精加工时取 $k = 1.5 \sim 2$。

加工过程中切削力的作用点、方向和大小可能都在变化，估算夹紧力时应按最不利的情况考虑。

4. 典型的夹紧机构

（1）斜楔夹紧机构

斜楔夹紧机构中最为基本的一种形式，它是利用斜面移动时所产生的力来夹紧工件的，如图 2—50 所示。在手动夹紧中，斜楔往往和其他机构联合使用。斜楔夹紧机构的缺点是夹紧行程小，手动操作不方便。斜楔夹紧机构常用在气动、液压夹紧装置中，此时斜楔夹紧机构不需要自锁。

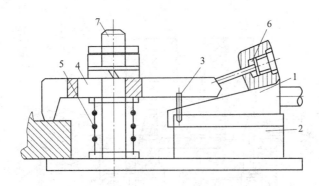

图 2—50　斜楔夹紧机构

1—楔块　2—垫块　3—拉杆　4—压板　5—弹簧　6—调节装置　7—螺栓

（2）螺旋夹紧机构

采用螺旋装置直接夹紧或与其他元件组合实现夹紧的机构，统称为螺旋夹紧机构，如图 2—51 所示。螺旋夹紧机构结构简单，容易制造。由于螺旋升角小，螺旋夹紧机构的自锁性能好，夹紧力和夹紧行程都较大，在手动夹具上应用较多。螺旋夹紧机构可以看作是绕在圆柱表面上的斜面，将它展开就相当于一个斜楔。

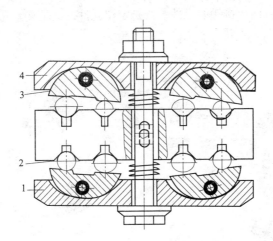

图 2—51　螺旋夹紧机构

1—支承板　2—工件　3—压紧调节块　4—压板

（3）偏心夹紧机构

偏心夹紧机构是斜楔夹紧机构的一种变形，它是通过偏心轮直接夹紧工件或与其他元件组合夹紧工件，如图 2—52 所示。常用的偏心件有圆偏心和曲线偏心，圆偏心夹紧机构具有结构简单，夹紧迅速等优点。但它的夹紧行程小，增力倍数小，自锁性能差，故一般只在被夹紧表面尺寸变动不大和切削过程振动较小的场合应用。

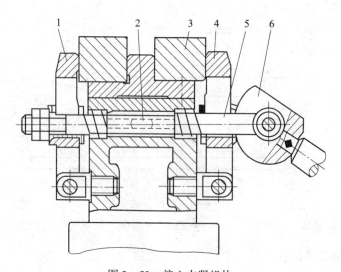

图 2—52　偏心夹紧机构

1—支承板　2—拉杆连接处　3—工件　4—压板　5—拉杆　6—偏心轮

（4）定心夹紧机构

定心夹紧机构能够在实现定心作用的同时，又起着将工件夹紧的作用。定心夹紧机构中与工件定位基面相接触的元件，既是定位元件，又是夹紧元件，如图 2—53 所示的膨胀芯轴。

图 2—53　膨胀芯轴

（5）铰链夹紧机构

铰链夹紧机构是一种增力装置，它具有增力倍数较大、摩擦损失较小的优点，广泛应用于气动夹具中，如图 2—54 所示。

图 2—54 铰链夹紧机构

5. 夹紧机构的动力装置

在大批量生产中，为提高生产效率、降低工人劳动强度，大多数夹具都采用机动夹紧装置。驱动方式有气动、液动、气液联合驱动、电（磁）驱动及真空吸附等多种形式。

（1）气动夹紧装置

气动夹紧装置以压缩空气作为动力源推动夹紧机构夹紧工件，如图 2—55 所示。常用的气缸结构有活塞式和薄膜式两种。活塞式气缸按照气缸的装夹方式分为固定式、摆动式和回转式三种，按工作方式分为单向作用和双向作用两种，应用最广泛的是双向作用固定式气缸。

（2）液压夹紧装置

液压夹紧装置的结构和工作原理基本与气动夹紧装置相同，所不同的是它所用的工作介质是压力油，如图 2—56 所示。

图 2—55 气动夹紧装置

图 2—56 液压夹紧装置

与气压夹紧装置相比，液压夹紧具有以下优点。

1）传动力大，夹具结构相对较小。

2）油液不可压缩，夹紧可靠，工作平稳。

3）噪声小。

它的不足之处是须设置专门的液压系统，应用范围受限制，污染较大等。

 ## 技能要求

下面以在数控铣床上为加工轴类零件而组合的夹具为例，具体说明组合夹具的建模与装配的过程。

一、组合夹具的建模

操作步骤如下，具体建模过程略。

1. 底板的建模

底板的图样及实体模型如图2—57所示。

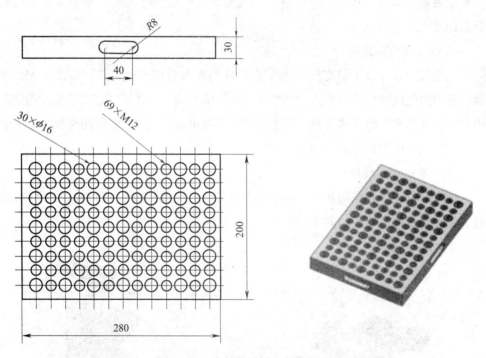

图2—57 底板的图样及实体模型

2. 支承块的建模

支承块的图样及实体模型如图2—58所示。

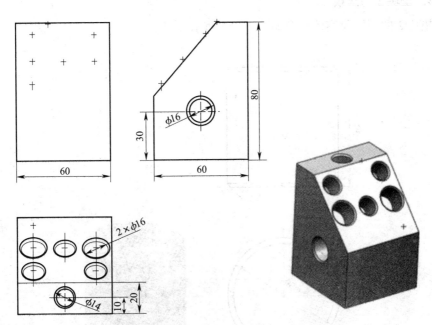

图 2—58　支承块的图样及实体模型

3. 垫块 1 的建模

垫块 1 的图样及实体模型如图 2—59 所示。

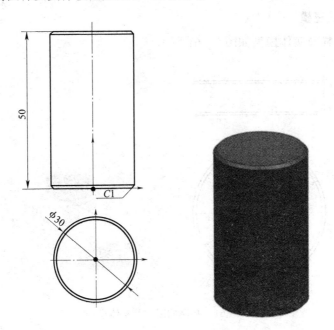

图 2—59　垫块 1 的图样及实体模型

4. 垫块2的建模

垫块2的图样及实体模型如图2—60所示。

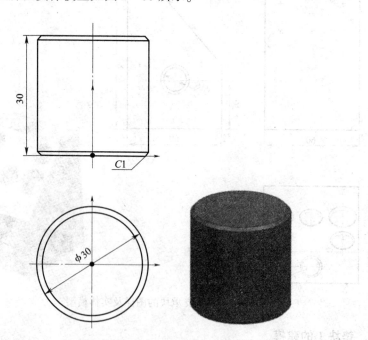

图2—60　垫块2的图样及实体模型

5. 垫圈的建模

垫圈的图样及实体模型如图2—61所示。

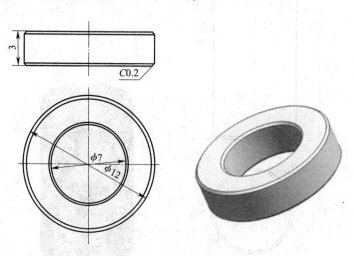

图2—61　垫圈的图样及实体模型

6. 螺钉的建模

螺钉的图样及实体模型如图2—62所示。

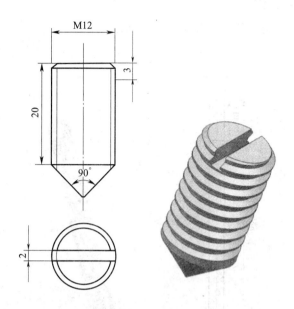

图 2—62　螺钉的图样及实体模型

7. 螺母的建模

螺母的图样及实体模型如图 2—63 所示。

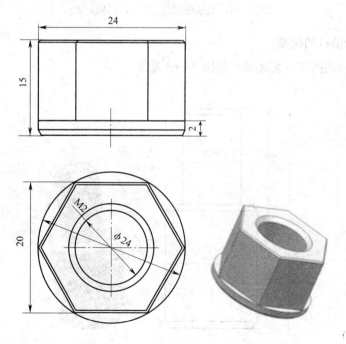

图 2—63　螺母的图样及模型

8. 双头螺栓的建模

双头螺栓的图样及实体模型如图 2—64 所示。

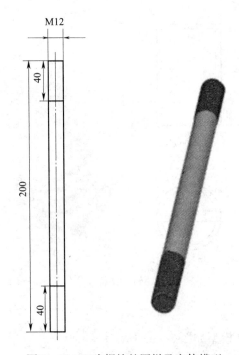

图 2—64　双头螺栓的图样及实体模型

9. 台阶销钉的建模

台阶销钉的图样及实体模型如图 2—65 所示。

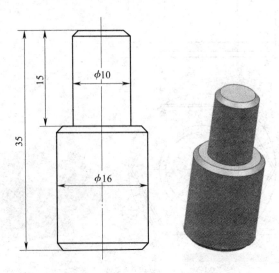

图 2—65　台阶销钉的图样及实体模型

10．压板的建模

压板的图样及实体模型如图 2—66 所示。

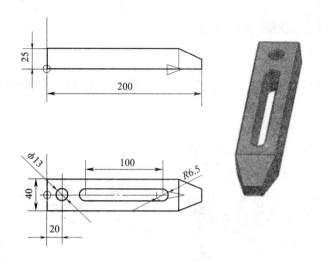

图 2—66　压板的图样及实体模型

11．毛坯的建模

毛坯的图样及实体模型如图 2—67 所示。

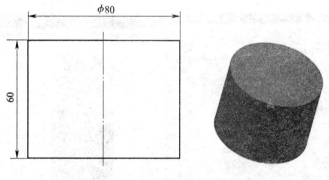

图 2—67　毛坯的图样及实体模型

二、组合夹具的装配

（1）打开 UG 软件，进入装配环境，调入组合夹具底板，如图 2—68 所示，选择底板文件，定位方式选择"绝对原点"。

（2）分两次调入台阶销钉进行定位、装配，如图 2—69 所示。

（3）分两次调入支承块进行定位、装配，如图 2—70 所示。

（4）分两次调入螺钉进行定位、装配，如图 2—71 所示。

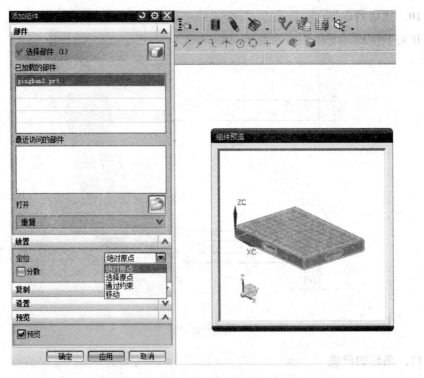

图 2—68　调入组合夹具底板

图 2—69　两次调入台阶销钉并进行定位约束

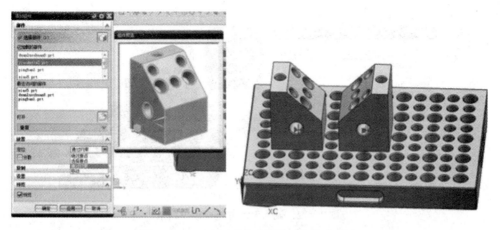

图 2—70 两次调入支承块并进行定位约束

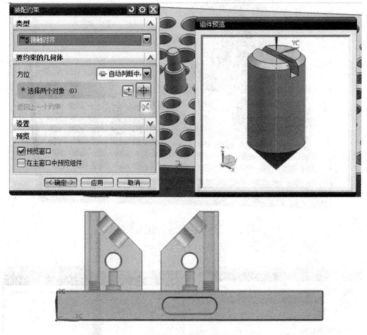

图 2—71 两次调入螺钉并进行定位约束

（5）调入毛坯，进行定位，如图 2—72 所示。

（6）毛坯进行定位、装配，如图 2—73 所示。

（7）调入双头螺栓，进行定位、装配，如图 2—74 所示。

（8）调入螺母（锁紧用），进行定位、装配，如图 2—75 所示。

（9）调入压板，进行定位、装配，如图 2—76 所示。

（10）调入垫块 1（两次）、垫块 2，进行定位、装配，如图 2—77 所示。

（11）调入垫片，进行定位、装配，如图 2—78 所示。

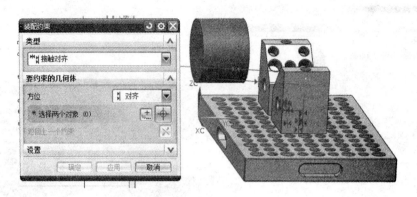

图2—72　调入毛坯并进行定位约束

图2—73　毛坯进行定位约束

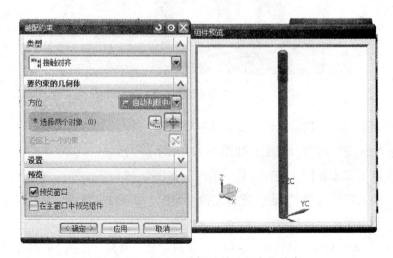

图2—74　调入双头螺栓并进行定位约束

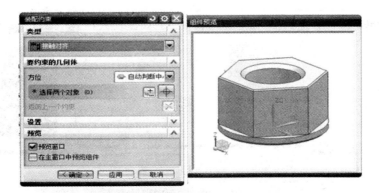

图 2—75　调入螺母并进行定位约束

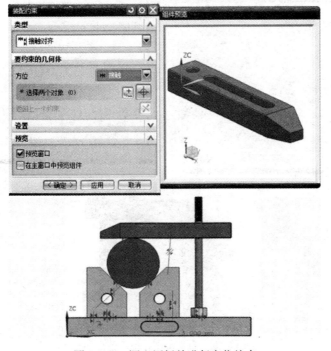

图 2—76　调入压板并进行定位约束

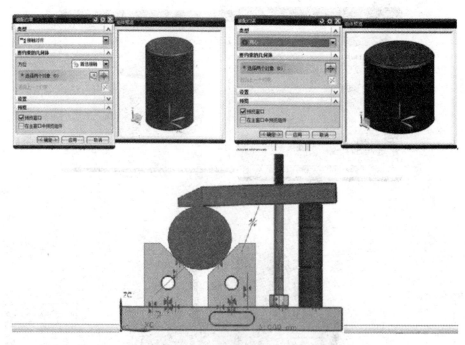

图2—77　调入垫块1、2并进行定位约束

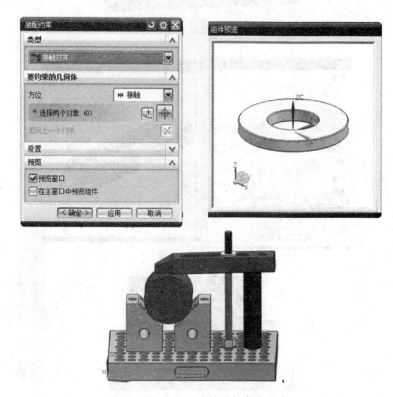

图2—78　调入垫片并进行定位约束

（12）调入压紧螺母（压紧），进行定位、装配，如图 2—79 所示，装配结束。

图 2—79 调入螺母并进行定位约束

三、夹具爆炸图

组合夹具各部件组合装配好后，各零部件进行爆炸效果操作（过程略），以观察各零件之间的装配顺序、位置及装配关系，如图 2—80 所示。

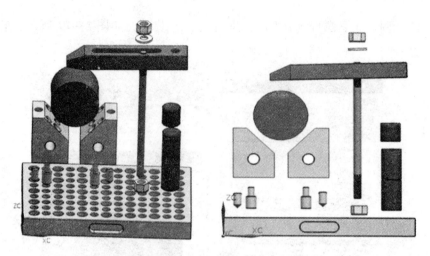

图2—80　组合夹具的爆炸效果图

 注意事项

使用夹具时应注意以下事项。

（1）使用前应对工件的铣削加工工序图进行读图分析，还应分析工件前一工序的相关精度，并注意选用规定编号的夹具。

（2）根据图样精度要求，对夹具的定位原理、夹紧方式进行简要分析。注意分析工件在夹具上的定位和夹紧方式，还要分析夹具与机床的定位与夹紧方式。

（3）安装夹具时，注意检查机床、夹具定位精度，估计夹紧力的大小。

（4）夹具安装后，注意对夹具的定位和夹紧装置进行检测，定位精度是否符合图样要求。对夹具的夹紧机构应检查其完好程度，如压板与工件接触部位是否平整，螺栓和螺母的螺纹是否完好等。

（5）对刀装置一般由定位销保证其位置精度，首先应检查对刀块（若有）的夹紧螺钉与定位销是否松动，其次应检查对刀面的表面质量，然后可用成品来大致复核对刀面的位置精度。首件铣削严格检验，进一步复核对刀装置的精度。

（6）了解和掌握夹具的某些不足，在使用中注意避免调节误差过大影响工件的加工精度。

（7）按工艺规定安装刀具和选用切削用量，避免切削力过大使夹具—工件的系统刚性受到破坏，造成振动过大或定位不准确。

（8）夹具使用完毕后应注意清洁保养，并应及时送检，以保证下一次的使用精度。

（9）加工过程中，刀具路线不能与夹具产生干涉。

（10）车床夹具尽量减轻重量，并且设计好动平衡，使得应用时安全可靠。

第3章

多轴数控程序编制

第1节 手工编程

 学习目标

1. 能够掌握基本的多轴编程指令。
2. 能够掌握简单的多轴平面、型腔铣削的手工编程。
3. 能够掌握多轴钻孔的手工编程。
4. 能够掌握简单的车铣复合加工的手工编程。

 知识要求

一、数控手工编程的方法及步骤

数控编程的主要内容有：分析零件图样并确定工艺过程、数值计算、编写加工程序、输入程序至机床、校验程序及首件试切等。

手工编程的具体操作步骤如下。

1. 分析图样、确定工艺过程

在数控机床上加工零件，工艺人员拿到的原始资料是零件图样。根据零件图，可以对零件的形状、尺寸精度、表面粗糙度、工件材料、毛坯种类和热处理状况等进行分析，然后选择机床、刀具，确定定位夹紧方式、加工方法、加工顺序及切削用量的大小等。在确定工艺过程中，应充分考虑所用数控机床的指令功能，充分发挥机床的效能，做到加工路线合理、走刀次数少和加工工时短等方面。此外，还应填写有关的工艺技术文件，如数控加工工序卡片、数控刀具卡片、走刀路线图等。

2. 计算刀具轨迹的坐标值

根据零件图的几何尺寸及设定的编程坐标系，绘制零件轮廓或刀具中心的运动轨迹，得到全部刀位数据。一般数控系统具有直线插补和圆弧插补的功能，对于形状比较简单的平面形零件（如直线和圆弧组成的零件）的轮廓加工，只需要计算出几何元素的起点、终点、圆弧的圆心（或圆弧的半径）及两几何元素的交点或切点的坐标值。如果数控系统无刀具补偿功能，则要根据所选用的刀具，计算出刀具中心的运动轨迹坐标值。对于形状复杂的零件（如由非圆曲线、曲面组成的零件），需要用直线段（或圆弧段）逼近实际的曲线或曲面，根据所要求的加工精度计算出其节点的坐标值。

3. 编写零件加工程序

根据加工路线计算出刀具运动轨迹数据和已确定的工艺参数及辅助动作，编程人员可以按照所用数控系统规定的功能指令及程序段格式，逐段编写出零件的加工程序。编写时应注意：程序书写的规范性，应便于表达和交流；在对所用数控机床的性能与指令充分熟悉的基础上，各指令使用及程序段编写的技巧等。

4. 将程序输入数控机床

将加工程序输入数控机床的常用方式有：键盘、存储卡、连接上级计算机的DNC 接口、U 盘及网络等。简单的程序常用键盘直接将加工程序输入（MDI 方式）到数控机床程序存储器中，复杂或较长的程序通过计算机与数控系统的通信接口将加工程序传送到数控机床的程序存储器中，由机床操作者根据零件数控加工工序卡片所规定的顺序进行调用。现在一些新型数控机床已经配置大容量存储卡存储加工程序，当作数控机床程序存储器使用，因此数控程序可以事先存入存储卡中。

5. 程序的校验与首件试切

数控程序必须经过校验和试切才能正式用于批量加工。在有图形模拟功能的数控机床上，可以进行图形模拟加工，检查刀具轨迹的正确性；对无此功能的数控机床可进行空运行检验。但这些方法只能检验出刀具运动的大致轨迹是否正确，不能查出对刀误差、由于刀具调整不当或因某些计算误差引起的加工误差及零件的加工精度，所以有必要经过零件加工的首件试切这一重要步骤。当发现有加工误差或不符合图样规定的要求时，应分析误差产生的原因，以便修改加工程序或采取刀具尺寸补偿等措施，直到加工出合乎图样要求的零件为止，即可固化程序，不得随意修改。随着数控加工技术的发展，可采用先进的数控加工仿真方法（如 Vericut 仿真软件）对数控加工过程及结果进行校核及优化。

二、数控加工程序指令代码

在数控加工程序代码中，我国和国际上都广泛使用准备功能 G 指令、辅助功能 M 指令、进给功能 F 指令、刀具功能 T 指令和主轴转速功能 S 指令等代码来描述加工工艺过程和数控机床的各种运动特征。

1. 准备功能字 G 代码

准备功能字的地址符是 G，又称为 G 功能或 G 指令。它是建立机床或控制数控系统工作方式的一种命令，一般用来规定刀具和工件的相对运动轨迹（即插补功能）、机床坐标系、坐标平面、刀具补偿和坐标偏置等多种加工操作，以及厂家自定义的多种固定循环指令和宏指令调用等。它由地址符 G 及其后的两位或三位数字组成。一般一个数控系统支持使用 G 代码的多少可以衡量其功能的强弱。常见 G 功能指令见表 3—1。

表 3—1　　　　　　　　　　　常见 G 功能指令

代码	组号	意义	代码	组号	意义	代码	组号	意义
G00		快速定位	G24	03	镜像开	G53	00	直接机床坐标系编程
G01		直线插补	G25		镜像关	G54		选择坐标系1
G02	01	顺圆插补	G28	00	返回到参考点	G55		选择坐标系2
G03		逆圆插补	G29		由参考点返回	G56		选择坐标系3
G04	00	暂停	G40		刀具半径取消	G57	11	选择坐标系4
G07	16	虚轴设定	G41	09	刀具半径左补偿	G58		选择坐标系5
G09	00	准停效验	G42		刀具半径右补偿	G59		选择坐标系6
G17		X—Y 平面选择	G43		刀具长度正向补偿	G60	00	单方向定位
G18	02	X—Y 平面选择	G44	10	刀具长度负向补偿	G61		精确停止效验方式
G19		X—Y 平面选择	G49		刀具长度补偿取消	G64	12	连续加工方式
G20		英寸输入	G50	04	缩放关	G65	00	子程序调用
G21	08	毫米输入	G51		缩放开	G68	05	旋转变换
G22		脉冲当量	G52	00	局部坐标系设定	G69		旋转取消

代码	组号	意义	代码	组号	意义	代码	组号	意义
G73		深孔高速钻循环	G84		攻螺纹循环	G91	13	增量值编程
G74		反攻螺纹循环	G85		镗孔循环	G92	00	坐标系设定
G76		精镗循环	G86		镗孔循环	G94	14	每分进给
G80	06	固定循环取消	G87	06	反镗循环	G95		每转进给
G81		定心钻循环	G88		手动精镗循环	G98		固定循环后返回起始点
G82		带停顿的钻孔循环	G89		镗孔循环	G99	15	固定循环后返回R点
G83		深孔钻循环	G90	13	绝对值编程			

2. 主轴转速功能字 S 代码

主轴转速功能字的地址符是 S，所以又称为 S 功能或 S 指令。它由主轴转速地址符 S 及数字组成，数字表示主轴转数，其单位按系统说明书的规定。现在一般数控系统主轴已采用主轴控制单元，能使用直接指定方式，即可用地址符 S 的后续数字直接指定主轴转数。例如，若要求 1 200 r/min，则编程指令为 S1200。

3. 进给功能字 F 代码

进给功能字的地址符是 F，所以又称为 F 功能或 F 指令。它由进给地址符 F 及数字组成，数字表示切削时所指定的刀具中心运动的进给速度。这个数字的单位取决于每个系统所采用的进给速度的指定方式。现在一般数控系统都能使用直接指定方式，即可用地址符 F 的后续数字直接指定进给速度。对于车床系统，可分为每分钟进给和主轴每转进给两种表示方式，一般分别用 G94、G95 规定；对于铣床系统，一般只用每分钟进给方式表示。F 地址在数控车床的螺纹切削程序段中还常用来指定螺纹导程。

4. 刀具功能 T 代码

刀具功能字的地址符是 T，所以又称为 T 功能或 T 指令。它用以指定切削时使用的刀具的刀号及刀具自动补偿时的编组号。其自动补偿的内容有：刀具对刀后的刀位偏差、刀具长度及刀具或刀尖的半径值等。在编程中，其指令格式因数控系统不同而异，主要格式有以下两种。

（1）采用 T 指令编程

由刀具功能地址符 T 和数字组成。T 后面的数字用来指定刀具号和刀具补偿地址数据，如 T01：表明 01 号刀的刀具半径与长度等数据对应于刀具表（TOOLT-ABLE）中的 01 位置，调用 T01 号刀时，刀具表中的刀具半径和长度值自动补偿进去。

（2）采用 T、D、H 指令编程

使用 T 功能指令选择刀具号，使用 D、H 功能分别代表相关刀具的半径和长度补偿地址。如 T01 D01 H05：表明 T01 刀的半径值放在 D01 地址中，其长度值放在 H05 地址中。

5. 辅助功能 M 代码

辅助功能字的地址符是 M，所以又称为 M 功能或 M 指令。它由辅助功能地址符 M 和两位数字组成，主要用于表示数控程序停止、主轴顺逆启动、主轴停止、换刀、程序结束并返回、切削液开与关等功能的指令，各种进给操作时的辅助动作及其状态。辅助功能指令也有 M00—M99，共计 100 种，我国 JB/T 3208—1999《数控机床 穿孔带程序段格式中的准备功能 G 和辅助功能 M 的代码》标准对 M 指令的功能进行了定义，常见 M 功能及其含义见表 3—2。

表 3—2　　　　　　　　　　常见 M 功能及其含义

代码	（#）程序段 开始有效	（$）程序段 结束有效	（*） 模态量	功能
M00		$		程序停止
M01		$		计划停止
M02		$		程序结束
M03	#		*	主轴正转
M04	#		*	主轴反转
M05		$	*	主轴停止
M06	#			自动换刀
M07	#		*	开气冷却
M08	#		*	开切削液
M09		$	*	关切削液
M13	#		*	主轴正转，开切削液
M14	#		*	主轴反转，开切削液
M30		$		程序停止

需要说明的是，数控机床的指令在国际上有很多标准，并不完全一致。而随着数控加工技术的发展、不断改进和创新，其系统功能会更加强大，使用上会更加方便。在不同数控系统之间，功能指令字会更加丰富，程序格式上也存在一定的差异，具体详见各数控机床对应的数控系统说明书。

三、数控加工坐标系

1. 笛卡儿坐标系

笛卡儿坐标系是数控机床的标准坐标系。通常在命名数控机床坐标系时，总是假定工件不动，刀具相对于工件运动，则坐标系用 XYZ、ABC 表达；若刀具不动，工件相对于刀具运动，则相应的坐标系用 $X'Y'Z'$、$A'B'C'$ 表达，两种坐标系中的方向正好相反。

2. 机床坐标系

机床坐标系是机床上固有的坐标系，并设有固定的坐标原点，称为机床零点或机械零点。该坐标系由数控机床制造商提供，机床出厂时该坐标系就已确定下来，用户不能轻易修改，该坐标系与机床的位置检测系统相对应，是数控机床的基准，机床每次上电开机后，一般应首先使运动部件返回机床零点（或机床参考点），对机床坐标系进行校准。

3. 工件坐标系

工件坐标系可以在任意位置设置，它是为方便编程人员编程设置的坐标系，不同的零件和不同的编程人员可以根据习惯或工艺特点而采用不同的工件坐标系。工件坐标系与机床坐标系的关系如图 3—1 所示。工件坐标系的设置主要考虑工件形状、工件在机床上的装夹方法以及刀具加工轨迹的计算等因素，一般以工件图样上的某一固定点为原点，图 3—1 所示工件坐标系零点设在工件上表面的左下角。按平行于装夹定位面设置工件坐标轴，按工件坐标系中的坐标计算刀具加工轨迹并编程。

加工时，通过对刀具和坐标系偏置等操作建立起工件坐标系与机床坐标系的关系，将加工坐标系置于机床坐标系中，如图 3—2 所示。数控装置则根据两个坐标系的相互关系将加工程序中的工件坐标系坐标转换成机床坐标系坐标，并按机床坐标系坐标对刀具或工作台的运动轨迹进行控制。

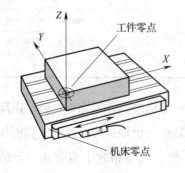

图 3—1　工件坐标系与机床坐标系的关系

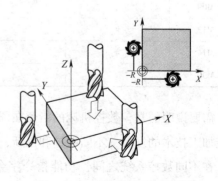

图 3—2　工件坐标系偏置设定

4. 绝对坐标

绝对坐标是指刀具运动轨迹上基点的坐标值是从工件坐标原点计量的坐标值，如图 3—3 所示。

按着绝对坐标编程：孔1 中心坐标　　　孔2 中心坐标　　　孔3 中心坐标

$$X = 10 \text{ mm} \qquad X = 30 \text{ mm} \qquad X = 50 \text{ mm}$$

$$Y = 10 \text{ mm} \qquad Y = 20 \text{ mm} \qquad Y = 30 \text{ mm}$$

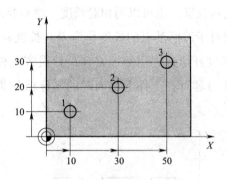

图 3—3　绝对坐标

5. 相对坐标

相对坐标是指刀具运动轨迹的终点坐标是相对于刀具起点计量的坐标值，如图 3—4 所示。

按着相对坐标编程：孔4 中心坐标　　　孔5 中心坐标　　　孔6 中心坐标

$$X = 10 \text{ mm} \qquad X = 20 \text{ mm} \qquad X = 20 \text{ mm}$$

$$Y = 10 \text{ mm} \qquad Y = 10 \text{ mm} \qquad Y = 10 \text{ mm}$$

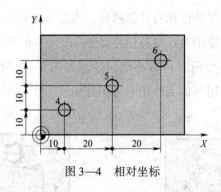

图 3—4　相对坐标

6. 附加坐标系

如果机床上在主坐标系 XYZ、ABC 的坐标运动之外还有与之平行的坐标运动，则可分别用 U、V、W、P、Q、R 来指定相应的坐标轴，构成附加的坐标系 UVW、PQR，附加坐标系一般仅在大型多轴数控机床上出现。

四、刀具补偿

一般在加工中心的加工过程中需要使用多把刀具，每把刀具的长度和半径可能是不同的，需要对刀具长度和半径值进行补偿。因此，刀具补偿分为长度补偿和半径补偿。

1. 刀具长度补偿

刀具长度可以用绝对长度，也可以用相对长度。绝对长度补偿是使用对刀仪测量出每把刀的刀位点相对于刀柄基点的长度作为刀具长度补偿值，如图3—5 所示的 L_0，$L_0 + \Delta L$。相对长度补偿是先用一把刀（L_0）对齐工件上表面，并设工件坐标系 Z 坐标零点，其他刀具对齐工件上表面时的坐标值作为相对长度补偿值 ΔL，如图3—5 所示。

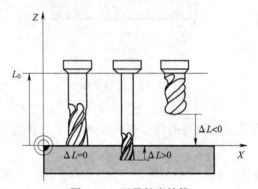

图3—5　刀具长度补偿

2. 刀具半径补偿

刀具半径补偿分为左补偿和右补偿两种，当加工外轮廓时，若刀具按着轮廓顺时针方向走刀，则需要使用刀具左补偿指令，如图3—6 所示；若刀具按着轮廓逆时针方向走刀，则需要使用刀具右补偿指令，如图3—7 所示。而加工内轮廓时，刀具半径补偿指令的使用与加工外轮廓时正好相反。

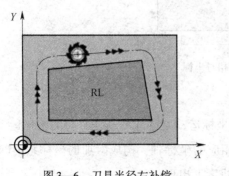

图3—6　刀具半径左补偿

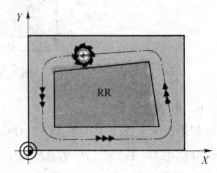

图3—7　刀具半径右补偿

五、刀具切入、切出方式

数控加工过程中，刀具切入、切出时会在切削轮廓上留下刀具痕迹，刀具切入、切出方式不同，刀具痕迹的形状和大小是不一样的。刀具痕迹的形状和大小会影响加工轮廓的精度，痕迹越大，加工轮廓质量越差，因此，要合理控制刀具的切入、切出方式。常见的刀具切入方式如图3—8所示。

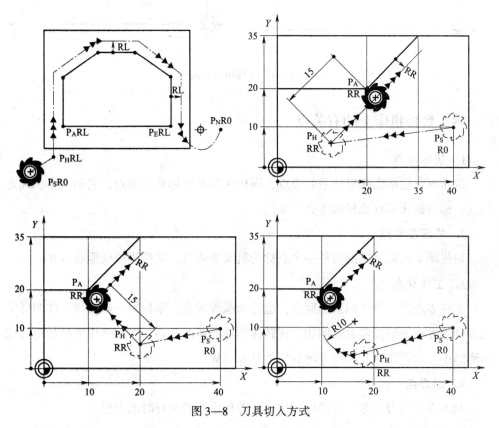

图3—8 刀具切入方式

常见的刀具切出方式如图3—9所示。

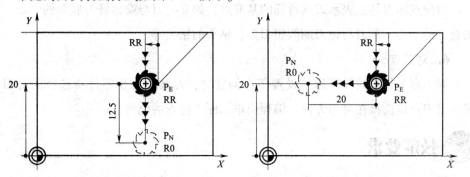

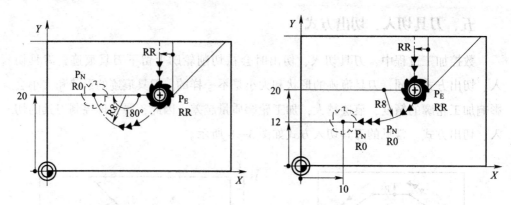

图3—9　刀具切出方式

六、数控机床上的有关点

1. 机床原点

机床原点是指机床坐标系的原点，即机床基本坐标系的原点，它是一个被确定的点，称为机床零点或机械零点（M）。

2. 机床参考点

与机床坐标系相关的另外一个点称为机床参考点，又称为机械原点（R）。

3. 工件零点

工件零点即工件坐标系的原点，也称为编程零点。编程时一般选择工件图样上的设计基准作为编程零点。例如，回转体零件的断面中心、非回转体零件的角边或图形的中心均可作为几何尺寸绝对值的基准（W）。

4. 起刀点

起刀点是指刀具起始运动的刀位点，即程序开始执行时的刀位点。

5. 刀位点

刀位点即刀具上表示刀具特征的基准点，如立铣刀与端面铣刀底面的中心、球头铣刀的球心、车刀与镗刀的假想刀尖、钻头的钻尖等。

6. 对刀点

对刀点是指在数控机床上设置零点偏置时，刀具相对于零件所选择的对刀位置。对刀点应选择在对刀方便、编程简单、便于检查的位置。

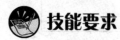 技能要求

多轴加工的手工编程一般实现定向加工，对于复杂轮廓和需要多轴联动的程

序要通过计算机辅助编程。下面就以一些简单的实例来介绍多轴加工的手工编程。

一、多轴定向铣削的手工编程

（1）如图 3—10 所示，利用多轴机床进行多次定向铣削，来完成工件的加工。

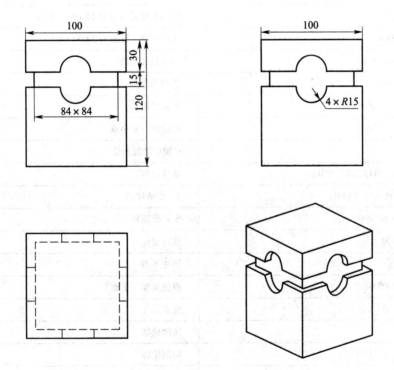

图 3—10　多轴定向铣削加工图样

（2）工件坐标系原点设在零件上表面对称中心上，如图 3—11 所示。

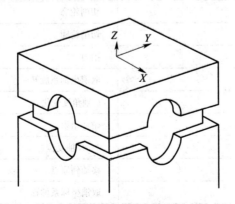

图 3—11　多轴定向铣削加工坐标系的建立

（3）侧边轮廓数控加工参考程序见表3—3。

表3—3 数控加工参考程序

程　序	注　释
O0001；	程序名
G90 G54 G40 G69 G17；	程序初始化
T1 M6；	调用1号刀（直径10 mm立铣刀）
M3 S3000；	主轴正转，转速为3 000 r/min
G43 Z300 H1；	调用长度补偿
G0 X0 Y0；	移动到原点
G52 X0 Y0 Z－37.5；	坐标系偏移
G0 X0 Y－300；	移动到一安全点
#1＝0；	C轴旋转起始值
WHILE［#1LE270］DO1；	条件语句
G1 A－90 C#1 F3000；	A、C轴移动
G68 X0 Y0 R90；	坐标系旋转
G0 X65 Z0；	快速定位
G0 Y55；	快速下刀
G1 Y42 F800；	慢速至加工平面
G41 G1 Z－7.5 D1；	建立刀补
X15；	切削轮廓
G18 G3 X－15 R15；	切削轮廓
G1 X－60；	切削轮廓
Z7.5；	切削轮廓
X－15；	切削轮廓
G3 X15 R15；	切削轮廓
G1 X60；	切削轮廓
G40 G28 G91 Z0；	抬刀
G69；	取消坐标系旋转
#1＝#1＋90；	C轴角度变化
END1；	循环结束
G1 A0 C0 F3000；	A、C轴复位
G0 X0 Y0；	移动到原点
G52 X0 Y0；	取消坐标系偏移
M30；	程序结束

二、圆柱凸轮多轴联动手工编程

（1）圆柱凸轮图样及凸轮中心线展开曲线如图 3—12 所示。

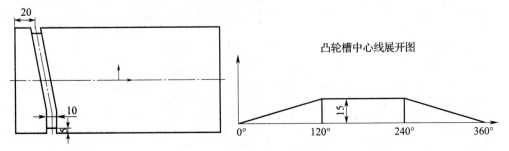

图 3—12　圆柱凸轮图样及凸轮中心线展开曲线

（2）使用立式四轴机床进行加工（附加卧式卡盘），凸轮装夹时将凸轮轴线与机床 X 轴平行，工件坐标系设置如图 3—13 所示。

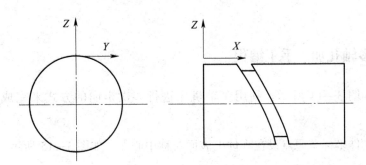

图 3—13　工件坐标系设置

（3）圆柱凸槽数控加工参考程序见表 3—4。

表 3—4　　　　　　　　　　　　数控加工参考程序

程　序	注　释
O0001;	程序名
G90 G54 G40 G69 G17;	程序初始化
T1 M6;	调用 1 号刀（ϕ10 mm 键槽铣刀）
M3 S3000;	主轴正转，转速为 3 000 r/min
G43 Z300.H1;	调用长度补偿
G0 X20.Y0.C0.;	移动到凸轮曲线起点

续表

程　序	注　释
Z10.；	移动到圆柱凸轮上 10 mm 处
G1 Z - 5. F300；	慢速移动至加工深度
X35. C120. F500；	第一段凸轮曲线
C240.；	第二段凸轮曲线
X20. C360.；	第三段凸轮曲线
G1 Z10.；	慢速抬刀
G40 G91 G28 Z0.；	快速抬刀
M30；	程序结束

　　注：若凸轮槽深为 10 mm 时，每次吃深 5 mm，分两次执行该程序（Z 原点下移 5 mm）即可完成凸轮槽的加工。

三、多轴孔加工手工编程

　　（1）如图 3—14 所示，利用多轴机床进行多次定向的方式来完成工件孔的加工。

　　（2）工件坐标系原点设在零件上表面对称中心上，如图 3—15 所示。

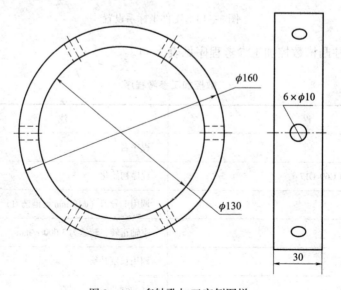

图 3—14　多轴孔加工实例图样

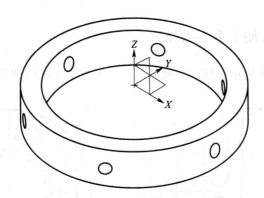

图 3—15　孔加工坐标系的建立

（3）侧边孔加工参考程序见表 3—5。

表 3—5　　　　　　　　　钻孔加工参考程序

程　序	注　释
O0001；	程序名
G90 G54 G40 G69 G17；	程序初始化
T1 M6；	调用 1 号刀（直径 10 mm 钻头）
M3 S700；	主轴正转，转速为 700 r/min
G43 Z300 H1；	调用长度补偿
G0 X0 Y0；	移动到原点
G52 X0 Y0 Z－15；	坐标系偏移
G0 X0 Y－300；	移动到一安全点
#1＝0；	C 轴旋转起始值
WHILE［#1LE300］DO1；	条件语句
G1 A－90 C#1 F3000；	A、C 轴移动
G68 X0 Y0 R90；	坐标系旋转
G18 G83 X0 Z0 Y61 R83 Q3 F60；	钻孔循环
G80；	取消钻孔循环
G28 G91 Z0；	抬刀
G69；	取消坐标系旋转
#1＝#1＋60；	C 轴角度变化
END1；	循环结束
G1 A0 C0 F3000；	A、C 轴复位
G0 X0 Y0；	移动到原点
G52 X0 Y0；	取消坐标系偏移
M30；	程序结束

四、车铣复合加工手工编程

（1）如图 3—16 所示，使用车铣复合机床来完成工件的加工。

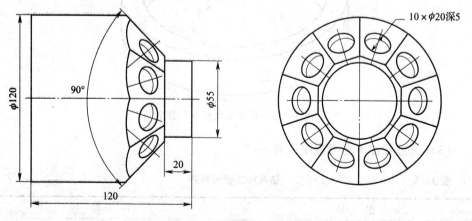

图 3—16　车铣复合加工实例图样

（2）工件坐标系原点的设置如图 3—17 所示。

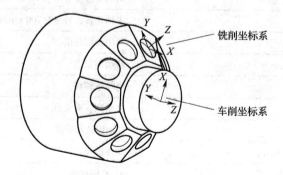

图 3—17　车铣复合加工坐标系的建立

（3）零件加工参考程序见表 3—6。

表 3—6　　　　　　　　　　车铣复合加工参考程序

程　　序	注　　释
O0001；	程序名
G40 G28 U0 Y0；	程序初始化
T0101 M6；	调用 1 号刀（外圆车刀）
G28 U0 V0；	退到 X、Y 方向安全点
G28 Z0；	退到 Z 方向安全点
G0 B90.；	B 轴定位

续表

程　　序	注　　释
M4 S3000 G99；	主轴反转，转速为 3 000 r/min
G0 X120 Z2；	加工起始点
G71 U2 R1；	粗车循环
G71 P1 Q2 U0.5 W0.3 F0.3；	粗车循环
N1 G1 X55；	车削轮廓
Z-20；	车削轮廓
X68；	车削轮廓
N2 X124.568 Z-48.284；	车削轮廓
G70 P1 Q2；	精车循环
G0 X55 Z0；	精车端面
G1 X0；	精车端面
Z100；	退刀
G28 U0 Y0；	退到 X、Y 方向安全点
G28 W0；	退到 Z 方向安全点
T0202 M6；	调用 2 号刀（直径 40 mm 面铣刀）
M3 S2000 G97；	主轴正转，转速为 2 000 r/min
G98 G0 B45 C0；	B、C 轴定位
G54；	调用坐标系
G68.5 X43.1 Z-32.061 I0 J1 K0 R45.；	坐标系旋转
G68.5 X0. Z0. I0 J0 K1 R-90.；	坐标系旋转
#1=0；	C 轴加工起始角度
WHILE ［#1 LE 325.］DO1；	条件循环
G0 C#1；	铣削轮廓
G17 G90 G0 Y70. Z10.；	铣削轮廓
G1 Z0. F2000；	铣削轮廓
Y20. F500.；	铣削轮廓
G0 Z10.；	铣削轮廓
#1=#1+36；	C 轴角度变化
END1；	循环结束
G69.5；	取消循环
G0 C0；	C 轴定位
G28 U0. Y0.；	退到 X、Y 方向安全点

续表

程　序	注　释
G28 W0. ;	退到 Z 方向安全点
T003 M6 ;	调用 3 号刀（直径 12 mm 立铣刀）
G97 S2000 M3 ;	主轴正转，转速为 2 000 r/min
G98 G0 B45. C0. ;	B、C 轴定位
G54 ;	调用坐标系
G68.5 X43.1 Z − 32.061 I0 J1 K0 R45. ;	坐标系旋转
G68.5 X0. Z0. I0 J0 K1 R − 90. ;	C 轴加工起始角度
#1 = 0 ;	条件循环
WHILE［#1 LE 325.］DO1 ;	铣削轮廓
G0 C#1 ;	铣削轮廓
G17 G90 G0 X0. Y0. Z10. ;	铣削轮廓
G1 Z0.5 F2000 ;	铣削轮廓
X4. F500 ;	铣削轮廓
G3 X4. Y0. Z − 5. I − 4. J0. P5. ;	螺旋下刀
X4. Y0. I − 4. J0. ;	铣圆
G1 X0. ;	退刀
G0 Z10. ;	抬刀
#1 = #1 + 36 ;	C 轴角度变化
END1 ;	循环结束
G69.5 ;	取消循环
G0 C0 ;	C 轴定位
G28 U0 Y0 ;	退到 X、Y 方向安全点
G28 W0 ;	退到 Z 方向安全点
M30 ;	程序结束

 注意事项

1. 选择合理的编程坐标系原点位置，简化编程。

2. 多轴加工中坐标系变换指令使用之后一定要取消。

3. 在多轴倾斜面加工中，要注意刀补的正确使用和建立。

4. 五轴联动加工时，刀轴不断变化，要启用刀尖跟随功能，注意刀柄不要与工件或夹具产生干涉。

5. 多轴加工手工编程后，一定要通过空走刀和首件试切来校验程序的正确性。

第 2 节　计 算 机 辅 助 编 程

 **学习目标**

1. 能够了解多轴联动数控机床的插补原理。
2. 能够掌握多轴联动时刀具的干涉检查和避免的方法。
3. 能够掌握典型零件的多轴计算机辅助编程。
4. 能够掌握高速加工的切削方法。

 知识要求

采用计算机代替手工完成编制数控加工程序的过程称为"计算机自动编程"，也称为计算机辅助编程，简称"CAM"。它是利用通用计算机和相应的前置、后置处理软件，对工件源程序或 CAD 图形进行处理，以得到数控加工代码程序的一种软件处理方法。自动编程是计算机技术在机械制造业中的一个主要应用领域。

根据编程信息的输入与计算机对信息的处理方式的不同，计算机自动编程分为以自动编程语言为基础的自动编程方法和以计算机绘图为基础的自动编程方法。从自动编程的发展历史进程来看，很早就发展了以自动编程语言为基础的自动编程方法，以计算机绘图为基础的自动编程方法则相对发展较晚，这主要是由于计算机图形技术发展相对落后。目前，CAD/CAM 系统集成技术已经很成熟，一体化集成形式的 CAD/CAM 系统已成为数控加工自动编程的主流，其大大减少了编程的出错率，提高了编程的效率和可靠性。通常对于简单的加工零件，可一次调试成功。目前，国内外 CAD/CAM 集成系统软件种类很多，各软件的功能、面向用户的接口方式各有不同，所以编程的具体过程及编程过程中所使用的命令也不尽相同。但从总体上讲，其编程的基本原理及基本步骤大体上是一样的。

UG NX 系列软件是美国 Siemens PLM Software（之前由 Unigraphics resolutions）公司推出的集设计、分析、加工等功能于一体的大型软件。它最早由美国前麦道航空公司研制开发，从二维绘图、数控加工编程、曲面造型等功能发展起来。经过多年发展，该软件本身以复杂曲面造型和数控加工功能见长，还具有管理复杂产品装配、进行多种设计方案的对比分析和优化等功能，其庞大的模块群为企业提供了从产品设计、产品分析、加工装配、检验到过程管理、运动仿真等全系列的技术支持。目前，该软件在国际 CAD/CAM/CAE 市场上占有较大的份额，是目前市场上数控加工编程能力较强的 CAD/CAM 集成软件之一。下面简要介绍一下该软件进行五轴加工计算机辅助编程时的一些操作方法。

一、UG 多轴加工中驱动方法、投影矢量和刀轴的设定

1. 驱动方法

驱动方法定义创建刀轨所需的驱动点，再通过投影矢量将驱动点投影到部件表面，从而生成刀具轨迹。

（1）曲线/点（Curve/Point）驱动，利用曲线的轨迹作为驱动，来生成槽的刀具移动加工轨迹，如图 3—18 所示。

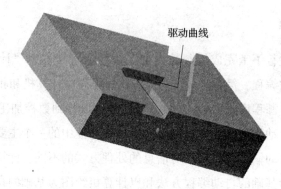

图 3—18　曲线驱动方式

（2）螺旋式（Spiral Drive）驱动，将螺旋曲线的轨迹投影到加工曲面上作为驱动，来生成曲面的刀具移动加工轨迹，如图 3—19 所示。

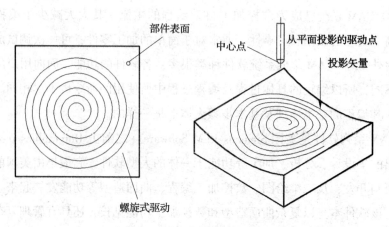

图 3—19　螺旋驱动方式

（3）曲面区域驱动，利用曲面的区域作为驱动，来生成曲面的刀具移动加工轨迹，如图 3—20 所示。

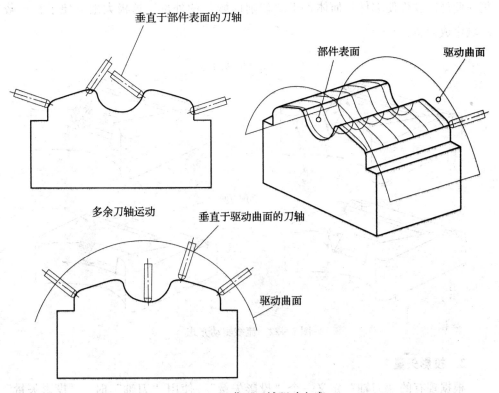

图 3—20   曲面区域驱动方式

（4）边界驱动，利用曲面的边界作为驱动，来生成凹槽曲面的刀具移动加工轨迹，同时曲面边界也是轨迹的边界，如图 3—21 所示。

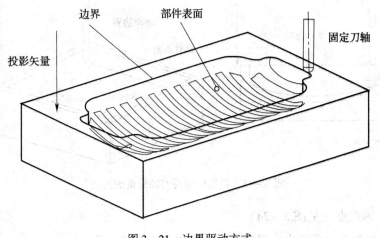

图 3—21   边界驱动方式

（5）流线驱动（Streamline Drive），如图3—22所示。此驱动方式允许选择切削区域面用作空间范围几何体，而切削区域边界用于自动生成流曲线集和交叉曲线集。此外，软件使部件几何体置于"切削区域"的外部，这极大地方便了在遮蔽区域生成刀轨。

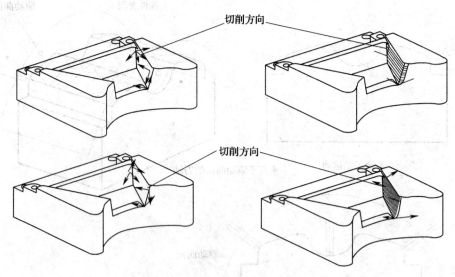

图3—22　流线驱动方式

2. 投影矢量

根据现有的"刀轴"定义一个"投影矢量"。使用"刀轴"时，"投影矢量"总是指向"刀轴矢量"的相反方向，如图3—23所示。

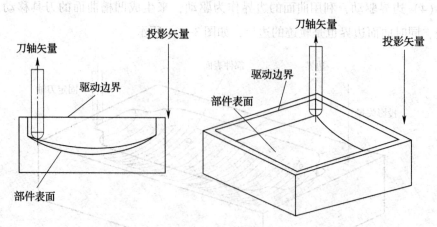

图3—23　投影矢量与刀轴矢量的指定

（1）远离点（见图3—24）

刀具在加工过程当中，投影方向总是相交于该点。

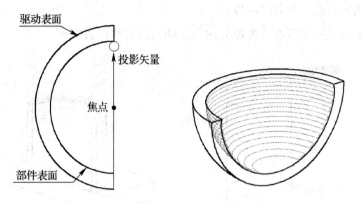

图 3—24 远离点方式的投影矢量

（2）朝向点（见图 3—25）

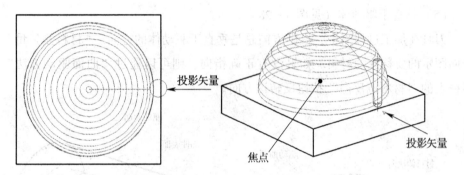

图 3—25 朝向点方式的投影矢量

刀具在加工过程当中，投影方向总是朝向该点。

（3）远离直线（见图 3—26）

刀具在加工过程当中，投影方向总是朝向远离该直线的方向。

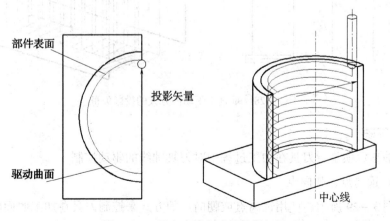

图 3—26 远离直线方式的投影矢量

（4）朝向直线（见图3—27）

刀具在加工过程当中，投影方向总是朝向该直线的方向。

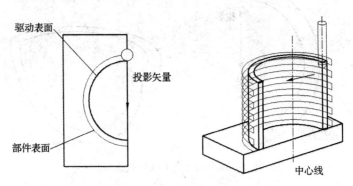

图3—27 朝向直线方式的投影矢量

（5）垂直于驱动体（见图3—28）

刀具在加工过程当中，投影方向总是垂直于驱动体的方向。"材料侧矢量"应指向图示的要移除的材料。如果没有正确指向，则可以通过"曲面驱动方法"对话框上的"材料侧反向"按钮反转该方向。

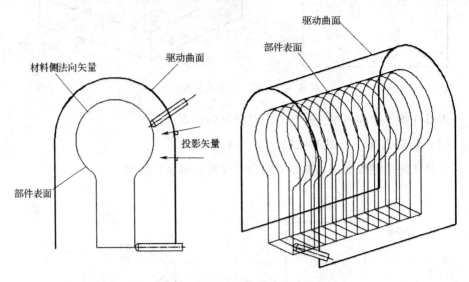

图3—28 垂直于驱动体方式的投影矢量

3．刀轴

刀轴参数项是指刀具在加工过程中对刀具轴线的驱动控制。

（1）远离点、朝向点

如图3—29所示，使用远离点或朝向点的方式来控制刀具在加工曲面的不同位置时刀轴的变化控制规律，使刀尖延长线或刀柄延长线总是交于一点。

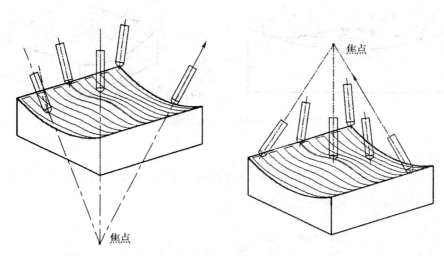

图 3—29 远离点与朝向点的刀轴控制方式

（2）远离直线、朝向直线

如图 3—30 所示，使用远离直线或朝向直线的方式来控制刀具在加工曲面的不同位置时刀轴的变化规律，使刀尖延长线或刀柄延长线总是与某直线相交，并且保持角度不变。

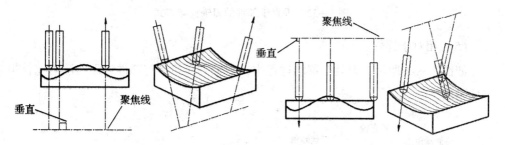

图 3—30 远离直线、朝向直线的刀轴控制方式

（3）相对于矢量

"前倾角"定义了刀具沿"刀轨"前倾或后倾的角度，如图 3—31 所示，正的"前倾角"的角度值表示刀具相对于"刀轨"方向向前倾斜；负的"前倾角"（后倾角）的角度值表示刀具相对于"刀轨"方向向后倾斜。"侧倾角"定义了刀具从一侧到另一侧的角度，正值将使刀具向右倾斜（按照操作者所观察的切削方向）；负值将使刀具向左倾斜。由于侧倾角取决于切削的方向，因此在"往复切削类型"的"Zag"刀路中，侧倾角将反向。

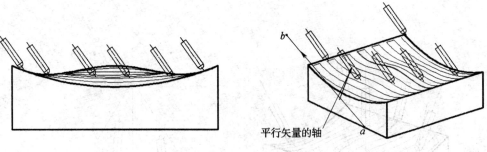

图3—31　相对于矢量的刀轴控制方式

（4）垂直于部件

如图3—32所示，刀具在加工移动过程中，刀轴在任一位置都垂直于表面，即刀轴始终指向所加工曲面的法线方向。

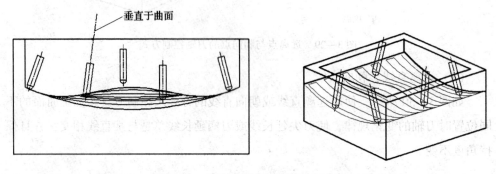

图3—32　垂直于部件的刀轴控制方式

（5）相对于部件

如图3—33所示，刀具在移动过程中，刀轴方向始终与部件表面的法向保持恒定的角度。

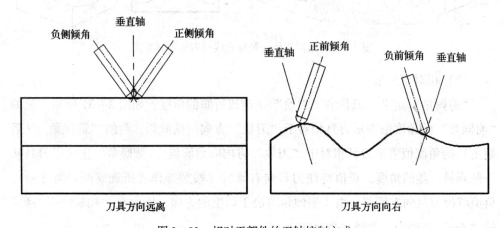

图3—33　相对于部件的刀轴控制方式

（6）垂直于驱动体

如图 3—34 所示，刀具在移动过程中，任一位置，刀轴方向始终与驱动体表面保持垂直。

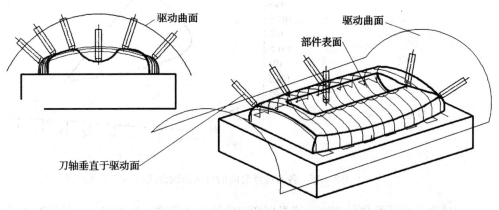

图 3—34 垂直于驱动体的刀轴控制方式

二、多轴联动数控机床的插补误差

在数控加工中，一般已知运动轨迹的起点坐标、终点坐标、曲线方程和进给速度，如何使切削加工运动沿着预定轨迹移动呢？数控系统根据这些信息实时地计算出各个中间点的坐标，通常把这个过程称为"插补"，即数据点的密化。插补计算就是数控系统根据输入的基本数据（如曲线的类型、起点坐标、圆心坐标、终点坐标、进给速度）通过计算，将工件轮廓的形状描述出来，边计算边根据计算结果向各坐标轴伺服驱动器发出进给指令。因此，插补实质上是根据有限的信息完成"数据点的密化"工作。

数控机床加工各种形状的零件轮廓时，必须控制刀具相对于工件以给定的速度沿指定的路径运动，即控制各坐标轴按某一规律协调运动，这一功能称为插补功能。平面曲线的运动轨迹需要两个坐标轴运动来协调，空间曲线或曲面则要求三个以上的坐标轴产生协调运动。

常见加工误差的分析如下。

1. 五轴联动加工路径的非线性化误差

由刀位数据点 x、y、z、i、j、k，到机床各轴相应的运动 X、Y、Z、A、B、C 的变换，由于存在旋转轴的关系，不再是简单的线性变换或坐标偏置，而是存在着三角函数关系。因此，在刀位数据文件中的一条直线的运动，对应的机床三个平移轴的运动不再是直线，而是一条曲线，如图 3—35 所示。

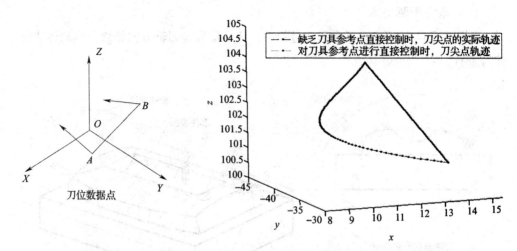

图3—35　各刀位点对应的机床运动曲线

后处理采用线性化的方法，即根据指定的线性化误差，把机床三个平移轴的运动采用小直线段来逼近。可以根据给定的机床运动变量参数（两个旋转轴的相对位置，刀具安装点的相对位置，刀具长度，工件坐标系的偏置等）和线性化误差，来生成 NC 代码。如图 3—36 所示，直线 AB 为刀位数据文件中定义的一段直线刀轨，那么它对应的机床三个平移轴的运动为一段曲线，$A'C'$ 与 $C'B'$ 则为线性化后的两个直线段，它们将是输出到机床的加工曲线段轨迹。

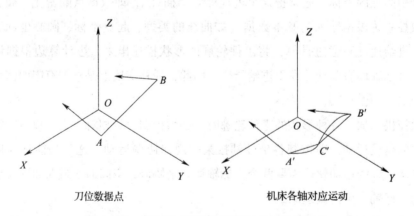

图3—36　各刀位点对应的机床各坐标轴的运动

2. 数控编程引起的误差

在数控加工的误差中，与数控编程直接相关的主要有两部分。

（1）刀轨的插补误差

由于数控刀轨一般由直线和圆弧组成，因此只能近似地拟合理想的加工轨迹，如图 3—37 所示。

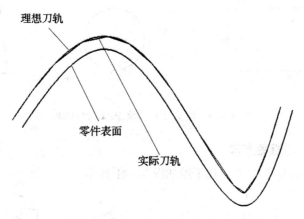

图 3—37　刀轨的插补误差

（2）残余高度

在曲面加工中，相邻的数控刀轨之间会留下未切削区域，由此造成的加工误差称为残余高度，主要影响加工表面的粗糙度。

三、多轴联动数控加工刀具干涉检查与避免

1. 干涉产生的情况

（1）使用刀具头部或刀具侧刃加工时，可能产生的刀具干涉如图 3—38、图 3—39 所示。

（2）侧铣加工时，刀具侧刃及刀具端面部位有时也会产生干涉，如图 3—40 所示。

图 3—38　刀头部位干涉

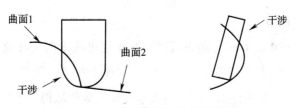

图 3—39　刀头部位干涉及刀杆的干涉

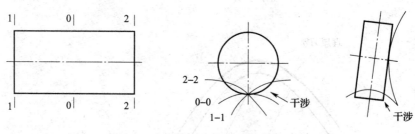

图3—40 侧刃及刀具端面部位的干涉

2. 刀具干涉的避免方法

（1）避免端铣加工时的刀具干涉如图3—41所示。

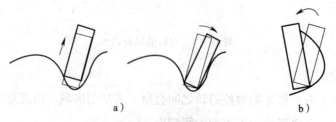

图3—41 避免端铣加工时的刀具干涉

a) 轴向移动法 b) 轴线摆动法

（2）避免刀具侧铣加工时产生干涉如图3—42所示。

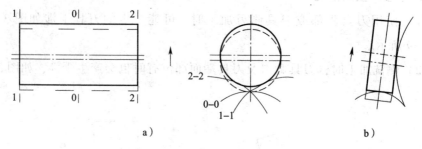

图3—42 避免刀具侧铣加工时产生干涉

a) 轴线平移法避免刀具侧刃干涉 b) 轴向移动法避免刀头干涉

四、高速加工

1. 高速加工概述

高速切削（HSM或HSC）是20世纪90年代迅速走向实际应用的先进加工技术。通常指高主轴转速和高进给速度下的切削加工技术，国际上在航空航天制造业、模具加工业、汽车零件加工以及精密零件加工等领域得到了广泛的应用。高速切削可用于铝合金、铜等易切削金属和淬火钢、钛合金、高温合金等难加工材料以及碳纤维塑料等非金属材料。例如，在铝合金等飞机零件加工中，曲面和结构复杂，材料去除量高达 90%~95%，采用高速铣削可大大提高生产效率和加工精度。在模具加工中，高速铣削可加工淬火硬度 50HRC 以上的钢件，因此许多情况下可省去电火花加工和手工修磨，在热处理后采用高速铣削达到零件尺寸、形状和表面粗糙度要求。

高速切削概念始于 1931 年德国所罗门博士的研究成果：当以适当高的切削速度（约为常规速度的 5~10 倍）加工时，切削刃上的温度反而会降低，因此可以通过提高切削速度提高加工生产效率，而使切削温度不再升高。六十多年来，人们一直在探索有效、适用、可靠的高速切削技术，到 20 世纪 90 年代，逐渐在工业实际中推广应用。由于每种材料高速切削的适用速度范围不同，高速切削目前尚无统一的定义。高的切削线速度是基本条件，但还有其他一些要素，在工程实践中，高速切削的含义除了高切削速度外，还包括以下特点：高速切削还涉及非常特别的加工工艺和生产设备；适中的主轴转速和大的铣刀直径也可实现高速切削；以常规切削用量 4~6 倍的切削速度、进给速度精加工淬火钢也属于高速切削。如图 3—43 所示为几种常见材料使用高速切削技术的适用速度范围。

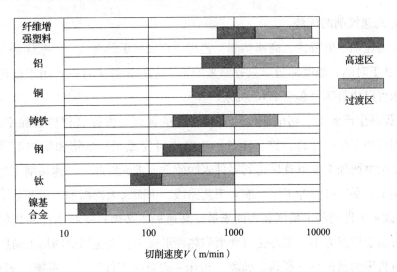

图 3—43 常见材料使用高速切削技术的适用速度范围

高速切削是一项系统技术，集材料、刀柄、机床、控制系统、加工工艺技术以及 CAD/CAM 软件等因素于一体，各因素均与常规加工有很大区别。

2. 高速切削的特点

（1）高速切削的一般特征

高速切削一般采用高的切削速度，较大的进给速度，很小的轴向切削深度和适当的径向切削宽度，即采用高转速、小切深、大进给的切削工艺。铣削时，大量的铣削热被切屑带走，因此，工件的表面温度较低。随着切削速度的提高，切削力略有下降，刀具受力变形减小，表面质量大大提高，加工生产效率随之提高。但在高速加工范围内，随着切削速度的提高会加剧刀具的磨损。由于主轴转速很高，切削液难以注入加工区，通常采用油雾冷却或水雾冷却方法。如图 3—44 所示为铣削速度对加工性能的影响。

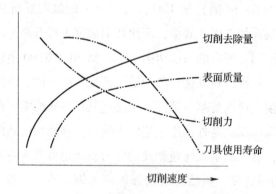

图 3—44　铣削速度对加工性能的影响

（2）高速铣削的优势

由于高速切削的特性，高速切削工艺相对常规加工具有以下一些优势。

1）加工时间大幅度缩短。只有原来的 1/4 左右，意味着一台用于高速加工的高速机床可以代替四台普通 CNC 机床。

2）提高生产效率。切削速度和进给速度的提高，可提高材料去除率。同时，高速切削可加工淬硬零件，许多零件一次装夹可完成粗、半精和精加工等全部工序，对复杂型面加工也可直接达到零件表面质量要求，因此，高速切削工艺往往可省去电加工、手工打磨等工序，缩短工艺路线，进而大大提高加工生产效率。

3）改善工件的加工精度和表面质量。高速机床必须具备高刚性和高精度等性能，同时由于切削力小，工件受力变形和热变形减少，高速切削的加工精度高。高速加工时机床的激振频率很高，远离"机床—刀具—工件"工艺系统的固有频率，工作平稳，振动小；同时，切削深度较小，而进给较快，切削过程中产生的切削振动小，加工表面粗糙度很小，加工铝合金时可达 $Ra0.6 \sim 0.4\ \mu m$，加工钢件时可达 $Ra0.4 \sim 0.2\ \mu m$。

4）实现整体结构零件加工。高速切削加工技术可适用于如飞机上大量采用的整体结构零件，明显减轻部件质量，提高零件可靠性，减少装配工时。

5）有利于使用直径较小的刀具。高速切削加工工艺较小的切削去除量和切削力适合选用小直径的刀具，可减少刀具规格，降低刀具费用。

6）有利于加工薄壁零件和高强度、高硬度脆性材料。高速切削加工中切削力小，有较高的稳定性，可高质量地加工出薄壁零件，采用高速铣削可加工出壁厚0.2 mm、壁高20 mm 的薄壁零件。高强度和高硬度材料的加工也是高速铣削的一大特点，目前，高速铣削已可加工硬度达60HRC 的零件。因此，高速切削允许在热处理以后再进行切削加工，使模具制造工艺大大简化。

7）能够部分替代其他工艺方法，如电加工、磨削加工等。由于加工质量高，可进行硬切削，在许多模具加工中，高速铣削可替代电加工、磨削、抛光加工。

8）经济效益显著提高。由于上述种种优点，综合效率提高、质量提高、工序简化，虽然机床投资和刀具投资以及维护费用等会增加，但高速切削工艺的综合经济效益仍有显著提高。

9）高速机床的投资回收快。可缩短交货期，减少车间占地面积，减少工人数量。

（3）高速切削是新兴技术，有待改进

高速切削是一项新技术，尚存在许多不足之处，有待改进。

1）高速切削机床较昂贵，对刀具的切削性能、精度和动平衡等要求较高，固定资产投资较大，刀具费用也会提高。

2）主轴旋转加、减速时，由于加速度较大，主轴的启动和停止加剧了导轨、滚珠丝杠和主轴轴承磨损，引起维修费用的增加。

3）需要特别的工艺知识、专门的编程设备、快速数据传输接口。

4）对操作人员的要求较高。

5）调试周期较长。

6）紧急停止实际上很难实现，人工错误、硬件或软件错误都会导致严重的后果。

7）安全要求很高。机床必须使用具有防弹功能的防护板和防弹玻璃；必须控制刀具伸出量，尽量不使用重刀具和刀杆，要定期检查刀具、刀杆和螺钉的疲劳裂缝，选择刀具时必须注意许用的最大主轴转速。

3. 高速切削机床

高速切削加工是重要的现代制造技术，而实现高速切削的关键技术是研究开发性能优良的高速切削机床。自20 世纪80 年代中期以来，开发高速切削机床便成为国际机床工业技术发展的主流。一般来说，一个完整的高速机床系统主要包括高的静/动刚度支承构件（机床的基本结构）；高精度、高转速的高速主轴；高控制精度、高进给速度和高进给加速度的进给系统；高速、高精度 CNC 系统；高效的冷却系统（干切削机床除外）；安全防护与实时监控系统等。

（1）高速切削机床的基本结构

机床的基本结构有床身、底座和立柱等，高速切削会产生很大的附加惯性力，因而机床床身、立柱等必须具有足够的强度、刚度和高水平的阻尼特性。很多高速机床的床身和立柱材料采用聚合物混凝土或人造花岗岩材料，这种材料阻尼特性为铸铁的 7~10 倍，比重只有铸铁的 1/3。提高机床刚性的另一个措施是改善床体结构，如将立柱和底座合为一个整体，使得机床可以依靠自身的刚性来保持机床精度。

一般来说，高速加工机床都是全数控机床和高精度机床，其传动和结构的最大特点是实现了机床的"零传动"。这种传动方式的主要特点是取消了从驱动电动机至工作部件（主轴、工作台等）之间的一切中间机械传动环节（皮带、齿轮、滚珠丝杠、螺母等），把传动链的长度缩小为零。零传动不但大大简化了机床的传动与结构，而且还显著地提高了机床的动态灵敏度、加工精度和工作可靠性，是一种新型的传动方式。

目前，国际上高速切削加工技术主要应用于汽车工业和模具行业，尤其是在加工复杂曲面的领域和工件本身或刀具系统刚性要求较高的加工领域显示了强大的功能。其高效、高质量为人们所推崇。国内高速切削加工技术的研究与应用始于 20 世纪 90 年代，应用于模具、航空、航天和汽车工业。但采用的高速切削 CNC 机床、高速切削刀具和 CAD/CAM 软件等以进口为主。随着我国社会主义市场经济的蓬勃发展，作为制造业的重要基础的模具行业迅速发展，这为高速铣削技术的应用和发展提供了广阔的空间。高速铣削加工技术加工时间短、产品精度高，可以获得十分光滑的加工表面，能有效地加工高硬度材料和淬硬钢，避免了电极的制造和费时的电加工（EDM）时间，大幅度减少了钳工的打磨与抛光量。同时，模具表面因电加工（EDM）产生白硬层消失了，扭变也就不存在了，这样就提高了模具的使用寿命，减少了返修。因为电极的制造工作不需要了，所以模具改型只需通过 CAD/CAM，使改型加快。一些市场上越来越需要的薄壁模具工件，高速铣削可又快又好地完成。而且在高速铣削 CNC 加工中心上，模具一次装夹可完成多工步加工。这些优点在资金回转要求快、交货时间紧、产品竞争激烈的今天是非常适宜的。所以高速铣削得到了快速而广泛的推广。反过来，这又促进了高速铣削技术的发展。

（2）高速主轴

高速主轴是实现高速切削的关键技术之一。随着工业上对主轴高转速要求的不断提高，高速主轴技术近年来得到了迅猛发展。在理论与实验研究的基础上，研制开发出实用的高速主轴单元。目前，主轴转速在 10 000 ~ 20 000 r/min 的加工中心越来越普及。高速主轴由于转速极高，主轴零部件在离心力作用下产生振动和变形，高速运转摩擦和大功率内装电动机产生的热会引起高温和变形，所以必须严格控制。为此对高速主轴提出如下性能要求：高的转速范围、足够的刚性和较高的回转精度、良好的热稳定性、大的功率、可靠的工具装卡性能、先进的润滑和冷却系统、可靠的主轴监测系统。

电主轴是高速加工机床的主要部件，其机械结构虽不复杂，但要求的加工精度极高，关键零件的材质和热处理要求都较严格，是一种机电一体化的高科技产品，整个部件必须在恒温、洁净的环境中进行装配和调校。其性能参数和制造质量的高低，在很大程度上决定了整台高速加工中心的加工速度、工作精度和生产效率。电主轴是一套组件，它包括电主轴本身及其附件：电主轴、高频变频装置、油雾润滑器、冷却装置、内置编码器及换刀装置等，如图 3—45 所示为电主轴结构。

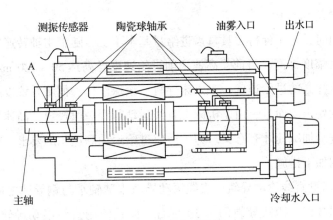

图 3—45　电主轴结构

电主轴所融合的技术如下。

1）高速轴承技术。电主轴通常采用复合陶瓷轴承，特点是耐磨、耐热，其使用寿命是传统轴承的几倍，有时也采用电磁悬浮轴承或静压轴承，内外圈不接触，理论上使用寿命无限长。

2）高速电动机技术。电主轴是电动机与主轴融合在一起的产物，电动机的转子即为主轴的旋转部分，理论上可以把电主轴看作一台高速电动机，其关键技术是高速度下的动平衡。

3）润滑。电主轴的润滑一般采用定时定量油气润滑，也可采用脂润滑，但相应的速度要打折扣。所谓定时，就是每隔一定的时间间隔注一次油；所谓定量，就是通过一个称为定量阀的器件，精确地控制每次润滑油的注油量。油气润滑指的是润滑油在压缩空气的携带下，被吹入陶瓷轴承。油量控制很关键，太少，起不到润滑作用；太多，在轴承高速旋转时会因油的阻力而发热。

4）冷却装置。为了尽快给高速运行的电主轴散热，通常对电主轴的外壁通以循环冷却剂，冷却装置的作用是保持冷却剂的温度。

5）内置脉冲编码器。为了实现自动换刀以及刚性攻螺纹，电主轴内置一脉冲编码器，以实现准确的相位控制以及与进给的配合。

6）自动换刀装置。为了适应加工中心，电主轴配备了能进行自动换刀的装置，包括碟簧、刀具拉紧油缸。

7）高速刀具的装夹方式。广泛采用 HSK、SKI 等高速刀柄，提高定位精度。

8）高频变频装置。要实现电主轴每分钟几万甚至十几万转的转速，必须采用高频变频装置来驱动电主轴的内置高速电机，变频器的输出频率甚至需要高达几千赫兹。

（3）高速进给机构

高速切削时，为了保持刀具每齿进给量基本不变，随着主轴转速的提高，进给速度也必须大幅度提高。目前，高速切削进给速度已高达 50～120 m/min，要实现并准确控制这样高的进给速度，对机床导轨、滚珠丝杠、伺服系统以及工作台结构等提出了新的要求。而且，由于机床上直线运动行程一般较短，高速加工机床必须实现较高的进给加减速才有意义。为了适应进给运动高速化的要求，在高速加工机床上主要采用如下措施。

1）采用新型直线滚动导轨。直线滚动导轨中球轴承与钢导轨之间接触面积很小，其摩擦因数仅为槽式导轨的 1/20 左右，而且使用直线滚动导轨后，"爬行"现象可大大减少。

2）高速进给机构采用小螺距大尺寸高质量滚珠丝杠，或粗螺距多头滚珠丝杠，其目的是在不降低精度的前提下获得较高的进给速度和进给加减速度。

3）高速进给伺服系统要向数字化、智能化和软件化的方向发展。高速切削机床已开始采用全数字交流伺服电动机和控制技术。

4）为了尽量减少工作台质量但又不损失刚度，高速进给机构通常采用碳纤维增强复合材料。

5）为提高进给响应速度，更先进、更高速的直线电动机已经发展起来。直线电动机消除了机械传动系统的间隙、弹性变形等问题，减少了传动摩擦力，几乎没有反向间隙。直线电动机具有高加、减速特性，加速度可达 2 g，为传统驱动装置的 10～20 倍，进给速度为传统的 4～5 倍，采用直线电动机驱动，具有单位面积推力大、易产生高速运动及机械结构不需维护等明显优点。

由于滚珠丝杠系统的组成元件多（伺服电动机、传动齿轮、丝杠、滚珠、螺母、支架等）、传动链长，滚珠丝杠又是一种细而长的非刚性传动元件，当运动速度要求较高时，由于滚珠丝杠传动惯量大、转矩刚度低、传动误差大、摩擦磨损严重、弹性变形引起爬行、反向死区引起非残性误差等一系列缺陷，从而影响加工中心动态性能。目前，一般滚珠丝杠的最大速度为 20～30 m/min，加速度为 0.1～0.3 g，远远不能满足高速加工的要求。直线电动机是一种通过将封闭式磁场展开为开放式磁场，将电能直接转化为直线运动的机械能，而不需要任何中间转换机构的传动装置，如图 3—46 所示。

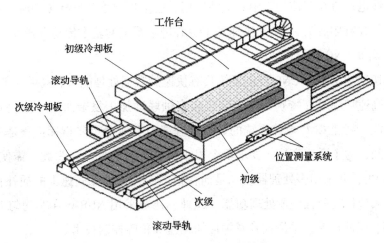

图 3—46　直线电动机的结构

高速机床使用直线电动机进给驱动具有如下优点。

1）速度高。直线电动机直接驱动工作台，无任何中间机械传动元件，无旋转运动，不受离心力的作用，容易实现高速直线运动，目前最大进给速度可达 80～120 m/min。

2）加速度大。直线电动机的启动推力大，结构简单、质量轻，运动变换时的过渡过程短，可实现灵敏的加速和减速，其加速度可达 2～10 g。

3）定位精度高。直线电动机进给系统用光栅尺作为位置测量元件，采用闭环控制，通过反馈对工作台的位移精度进行精确的控制，因而刚度高，定位精度高达 0.1～0.01 μm。

4）行程不受限制。直线电动机的次级是一段一段地连续铺在机床床身上，次级铺到哪里，初期（工作台）就可运动到哪里，不管行程多远，对整个系统的刚度不会有任何影响。如最近美国 Cincinnati Milacron 公司为航空工业生产了一台 HyperMach 大型高速加工中心，主轴转速为 60 000 r/min，主电动机功率为 80 kW。采用了直线电动机，其 X 轴行程长达 46 m，工作台最高进给速度为 60 m/min，快速行程为 100 m/min，加速度为 2 g。在该机床上加工一个大型航空薄壁零件只需 30 min。而该零件在一般高速铣床上加工，耗时 3 h；在普通数控铣床上加工，则需 8 h。

作为加工中心进给系统的一种新的驱动方式，直线电动机处于研究试验起步阶段，目前在设计、制造和应用等方面还存在一些问题，如防磁问题、直线电动机散热问题、工作台的结构轻化问题、高速导轨结构类型的选择问题、直线电动机驱动与闭环控制系统等，而且成本也较高，这一系列问题都有待进一步研究解决。尽管如此，直线电动机在高速加工中心上的应用，已呈现出滚珠丝杠传动所无法比拟的诸多优点，并有望成为 21 世纪高速加工中心进给系统的基本传动方式。

（4）高速 CNC 控制系统

高速切削加工要求 CNC 控制系统具有快速的数据处理能力和高的功能化特性，以保证在高速切削时（特别是在多轴机床多轴联动加工复杂曲面时）仍具有良好的加工性能。高速 CNC 数控系统的数据处理能力有两个重要指标：一是单个程序段处理时间，为了适应高速，要求单个程序段处理时间要短。为此，需使用 32 位或 64 位 CPU，并采用多处理器。二是插补精度，为了确保高速下的插补精度，要有前馈和大数目超前程序段处理功能。此外，还可采用 NURBS（非均匀 B 样条曲线）插补、回冲加速、平滑插补及钟形加减速等轮廓控制技术。

高速切削机床 CNC 系统的功能特性应主要包括以下几项指标。

1）加减速预插补。

2）前馈控制。

3）精确矢量补偿。

4）极佳拐角加减速。

（5）高速切削机床安全防护与实时监控系统

高速切削的速度非常高，当主轴转速大于 40 000 r/min 时，若有刀片崩裂，掉下来的刀具碎片就像出膛的子弹。因此，对高速切削的安全问题必须引起充分的重视。从总体上讲，高速切削的安全保障主要包括以下诸方面：机床操作者及机床周围现场人员的安全保障；避免机床、刀具、工件及有关设施的损伤；识别和避免可能引起重大事故的工况。在机床结构设计方面，主要考虑：机床设有安全保护墙和门窗；刀片，特别是抗变强度低的材料制成的机夹刀片，除结构上防止由于离心力作用产生飞离外，还要进行极限转速的测定。刀具夹紧、工件夹紧必须绝对安全可靠，所以工况监测系统的可靠性就显得非常地重要。机床及切削过程的监测包括切削力监测、机床主轴功率监测、主轴转速监测、刀具破损监测、主轴轴承状况监测、电气控制系统过程稳定性监测等。

4. 高速切削刀具

高速切削刀具技术是实现高速加工的关键技术之一，高速切削刀具必须具备可靠的安全性和高的耐用度。

（1）用于高速切削的刀具必须具有安全性，要考虑以下因素。

1）刀具强度。

2）刀具夹持。

3）刀片压紧。

4）刀具动平衡。

（2）高速切削刀具的耐用度与下列因素有关

1）刀具材料。

2）刀尖结构。

3）切削用量。

4）走刀方式。

5）冷却条件。

6）刀具工件材料匹配。

（3）刀具材料

高速铣削刀具的材料主要有硬质合金、涂层、金属陶瓷、陶瓷、立方氮化硼（CBN）和金刚石等。

1）硬质合金。高速铣刀通常采用细晶粒或超细晶粒硬质合金（晶粒尺寸为 $0.2\sim1~\mu m$），根据被加工材料选钨钴类或钨钛钴类硬质合金，但含钴量一般不超过 6%。

2）涂层。高速铣削大量采用的是涂层刀具，基体有高速钢、硬质合金和陶瓷，但以硬质合金为主。涂层材料有 TiCN、TiAlN、TiAlCN、CBN 及 Al_2O_3 等，通常采用多层复合涂层，如 $TiCN + Al_2O_3 + TiN$、$TiCN + Al_2O_3$、$TiCN + Al_2O_3 + HfN$、$TiN + Al_2O_3$、TiCN、TiB_2、TiAlN/TiN 和 TiAlN 等。采用物理气相沉积的 TiAlN 涂层硬质合金在高速铣削时具有良好的切削性能。新发展的 TiN/AlN 纳米涂层刀具也非常适合高速切削。

3）金属陶瓷。金属陶瓷主要有高耐磨性的 TiC 基金属陶瓷（TiC + Ni 或 Mo）、高韧性 TiC 基金属陶瓷（TiC + TaC + WC + Co）、增强型 TiCN 基金属陶瓷（TiCN + NbC）。其相比于硬质合金刀具，改善了刀具的高温性能，适合高速加工合金钢和铸铁。

4）陶瓷。陶瓷刀具分为氧化铝陶瓷、氮化硅陶瓷和复合陶瓷三种类型，具有高硬度、高耐磨性及热稳定性，其中 Al_2O_3 基陶瓷约占 2/3，化学活性低，不易产生粘结和扩散磨损，强度、断裂韧性、导热性和耐热冲击性较低，适合加工钢件。Si_3N_4 基陶瓷约占 1/3，比 Al_2O_3 陶瓷有较高的强度、断裂韧性和耐热冲击性，但化学稳定性不如 Al_2O_3 陶瓷，适于高速铣削铸铁。复合陶瓷 Si_3N_4—Al_2O_3 具有较高的强度和断裂韧性，高的抗氧化性、抗高温蠕变性和高的抗热冲击性，但不适合加工钢件，可用于高速粗加工铸铁和镍基合金。

5）CBN。CBN 刀具具有高硬度、高耐热性、高化学稳定性和导热性，但强度稍低。按重量比分，低含量 CBN（50% ~ 65%）可用于淬硬钢的精加工；高含量 CBN（80% ~ 90%）可用于高速铣削铸铁、淬硬钢的粗加工和半精加工。

6）金刚石。金刚石分天然金刚石和聚晶金刚石，高速铣削主要采用聚晶金刚石，具有非常高的硬度、导热性和低的热膨胀系数，通常用于高速加工有色金属和非金属材料。晶粒越细越好，高速切削含 S_i 量小于 12% 的铝合金时可使用晶粒尺寸在 10 ~ 25 μm 的聚晶金刚石；高速切削含 S_i 量大于 12% 的铝合金和非金属材料时可使用晶粒尺寸在 8 ~ 9 μm 的聚晶金刚石。

目前，在高速铣削加工中，应用最多的是整体硬质合金刀具，其次是机夹式硬质合金刀具。在高转速下应用机夹刀具加工时，应注意刀具的动平衡等级以及最高许用转速。

（4）高速铣削刀具的结构

如图 3—47 所示为几种典型的高速铣削刀具，分为整体式和机夹式两类。小直径铣刀一般采用整体式，大直径铣刀采用机夹式。高转速机床对刀具直径有一定限制，整体式高速铣刀在出厂时经过动平衡检验，使用时比较方便；而机夹式需要在每次装夹刀片后进行动平衡检测，所以整体式比较常用。机床在转速比较低、能提供较大转矩时可采用机夹式铣刀。铣刀节距定义为相邻两个刀齿间的周向距离，受铣刀刀齿数影响。短节距意味着较多的刀齿和中等的容屑空间，允许高的金属去除率，一般用于铸铁铣削和中等负荷铣削钢件，通常作为高速铣刀首选。大节距铣刀齿数较少，容屑空间大，常用于钢件的粗加工和精加工以及容易发生振动的场合。超密节距刀具的容屑空间小，可承受非常高的进给速度，适合铸铁断续表面加工、铸铁的粗加工和钢件的小切深加工。

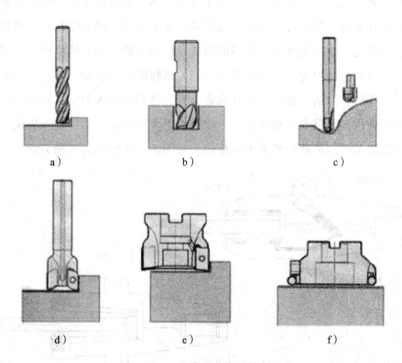

图 3—47　几种典型的高速铣削刀具

a）整体硬质合金立铣刀　b）整体硬质合金键槽铣刀　c）整体硬质合金曲面铣刀

d）机夹式长柄立铣刀　e）机夹式短柄立铣刀　f）机夹式面铣刀

（5）刀柄结构

当机床转速达到 12 000 r/min 时，通常需要采用 HSK 高速铣削刀柄或其他种类的短柄刀杆，如图 3—48 所示。

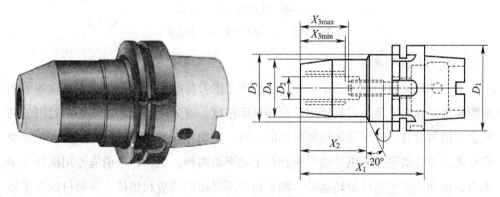

图 3—48　HSK 刀柄

HSK 刀柄与主轴连接的锥部为过定位结构，提供与机床标准连接，在机床拉力作用下，保证刀柄短锥和端面都与机床紧密配合。刀柄夹紧刀具的方式主要有侧固式、弹性夹紧式、液压夹紧式和热膨胀式等。侧固式难以保证刀具动平衡，在高速铣削时不宜采用。热膨胀式刀柄结构简单、夹紧可靠、同心度高、传递转矩和径向力大、刚性足、动平衡性好，是目前最具发展潜力的刀柄结构；热膨胀式刀杆夹头的刀孔与刀柄为过盈配合，必须采用专用的热膨胀装置装卸刀具，一般使用电感加热或热空气加热刀柄，使刀孔直径膨胀，然后将刀具插入刀柄，冷却后孔径收缩将刀具紧紧夹住，刀具安装精度最高，能提供更大的转矩。特别是在应用小直径刀具进行高速加工时，热膨胀装夹更具优势。如图 3—49 所示为几种刀柄夹头形式。

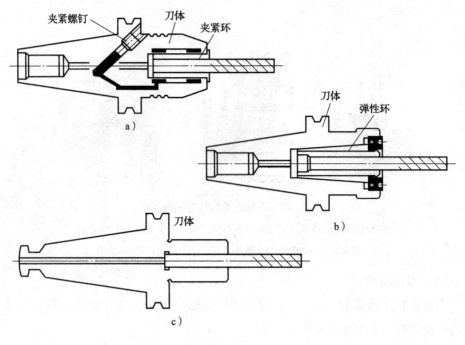

图 3—49　几种刀柄夹头形式

a）液压夹头　b）弹簧夹头　c）热胀夹头

（6）刀具动平衡

当主轴转速超过 12 000 r/min 后，必须考虑刀具动平衡问题，过大的动不平衡将影响加工表面质量、刀具使用寿命和机床精度。首先应选用经过动平衡处理的高质量刀柄与刀具，应尽量选用短而轻的刀具，定期检查刀具与刀杆的疲劳裂纹和变形征兆。刀具动平衡分机外动平衡和机上动平衡两种。机外动平衡需专用机外动平衡机，由动力装置提供旋转运动，测量出动不平衡的质量和相位，再通过调整平衡环或在特定位置去掉部分材料，使刀具系统达到动平衡标准的要求。机上动平衡机则用机床主轴提供旋转运动，其余与机外动平衡机相同。动平衡过程通常须经过几次反复，调整到最佳平衡量。

5. 高速数控编程

由于高速切削的特殊性和控制的复杂性，在高速切削条件下，传统的 NC 程序已不能适应要求。因此，必须认真考虑加工过程中的每一个细节，深入研究高速切削状态下的数控编程，高速切削中的 NC 编程代码并不仅仅局限于切削速度、切削深度和进给量的不同数值。NC 编程人员必须改变全部的加工策略，以创建有效、精确以及安全的刀具路径，从而得到预期的表面精度。高速切削对数控编程的具体要求如下。

（1）保持恒定的切削载荷

随着高速加工的进行，保持恒定的切削载荷非常重要。保持恒定的切削载荷必须注意以下几个方面。

1）保持金属去除量的恒定。如图 3—50 所示，在高速切削过程中，分层切削要优于仿形加工。

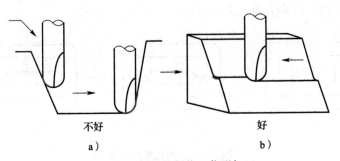

不好　　　　　　　　　　　好

a）　　　　　　　　　　　　b）

图 3—50　分层切削优于仿形加工

a）仿形加工　b）分层切削

2）刀具要平滑地切入工件。如图 3—51 所示，在高速切削过程中，让刀具沿一定坡度或螺旋线方向切入工件要优于让刀具直接沿 Z 方向直接切入。

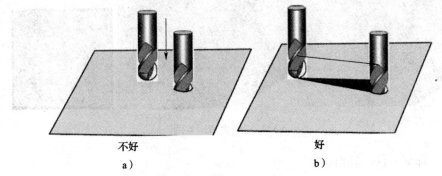

不好　　　　　　　　　　　好

a）　　　　　　　　　　　　b）

图 3—51　坡度或螺旋线优于直接切入

a）Z 方向直接插入　b）坡走/螺旋切入

3）保证刀具轨迹的平滑过渡。刀具轨迹的平滑是保证切削负载恒定的重要条件。如图 3—52 所示，螺旋曲线走刀是高速切削加工中一种较为有效的走刀方式。

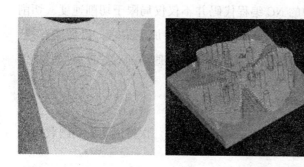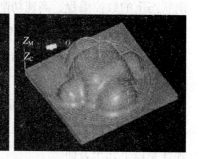

图 3—52　螺旋曲线走刀方式

4）在尖角处要有平滑的走刀轨迹。如图 3—53 所示，图 3—53c 的刀具轨迹最好，图 3—54 则是消除尖角示意图。

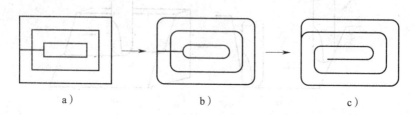

图 3—53　拐角平滑过渡

a）不好　b）好　c）很好

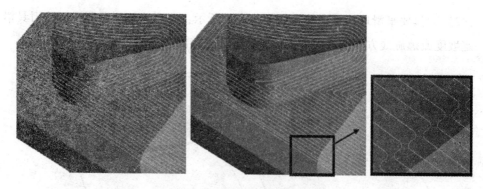

图 3—54　消除尖角示意图

（2）保证工件的高精度

为了保证工件的高精度，最重要的一点就是尽量减少刀具的切入次数。如图 3—55 所示，显示了如何尽可能地减少刀具切入次数的有效方法。

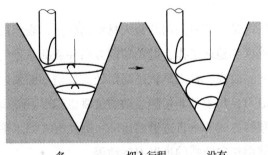

多	切入行程	没有
多	定位	没有
很多	空行程	很少

图 3—55　减少刀具切入次数的有效方法

（3）保证工件的优质表面

在高速切削过程中，过小的步进（进给量）会影响实际的进给速率，往往会造成切削力的不稳定，产生切削振动，从而影响工件表面的完整性。如图 3—56 所示为采用不同步进对工件加工表面质量的影响，从该图可以看出，在高速切削条件下，采用较大的进给量，会产生较好的表面加工质量。

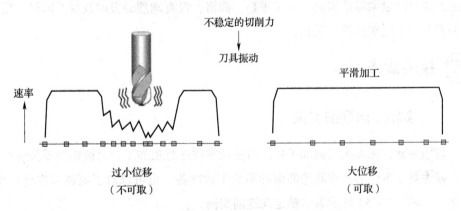

图 3—56　不同进给量对工件加工表面质量的影响

6. 高速切削加工工艺

安全、高效和高质量是高速切削的主要目标，高速加工按目的分为两种情况：以实现单位时间最大去除量为目的的高速加工和以实现单位时间最大加工表面为目的的高速加工。前者用于粗加工，后者用于精加工。以铣削加工为例，对于一个高速铣削加工任务来说，要把粗加工、半精加工和精加工作为一个整体来考虑，设计出一个合理的加工方案。从总体上达到高效率和高质量的要求，充分发挥高速铣削的优势，这就是高速铣削工艺设计的原则。

（1）粗加工

粗加工追求的目标是单位时间内的最大材料切除量，表面质量和轮廓精度要求不高，重要的是让机床平稳地工作，避免切削方向和载荷急剧变化。为了防止切削时速度矢量方向的突然改变，在刀具轨迹拐角处需要增加圆弧过渡，避免出现尖锐拐角。所有进刀、退刀、步距和非切削运动的过渡也都尽可能圆滑。如在平面铣削时，可采用螺旋或倾斜方式的垂直进退刀运动、圆弧方式的水平进退刀运动；而在曲面轮廓铣削中，使用切向圆弧的进退刀运动等。

（2）半精加工

半精加工的目的是把前道工序加工后的残留加工面变得平滑，同时去除拐角处的多余材料，在工件加工表面上留下一层比较均匀的余量，为精加工的高速切削做准备。半精加工应沿着粗加工后的不光顺轮廓进行铣削，以便使切入过程稳定，并减少切削力波动对保证精度的不利影响。另外，半精加工时刀具的切削应尽量连续，避免频繁地进退刀。

（3）精加工

精加工的目的是按照零件的设计要求，达到较好的表面质量和轮廓精度。精加工的刀位轨迹紧贴零件表面，要求平稳、圆滑，没有剧烈的方向改变。同时，精加工中需要对工艺参数进行优化。

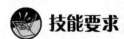 **技能要求**

一、多轴定向铣削实例

利用多轴机床多次定向加工可以对复杂零件进行粗加工，对棱锥类零件进行加工，或为复杂零件的多轴联动曲面的精加工做准备，也可以对多面体零件进行粗、精加工，如图3—57所示为多轴定向铣削实例。

1. 零件分析

零件主要由斜面、孔、凹槽及倾斜孔构成，如图3—58所示，只需3＋2定向铣削就能完成零件的加工（建模过程略），加工坐标系设定在工件上表面中心。

2. 主要轮廓精加工刀轨

（1）选择"平面铣削"模式，"刀轴"项选择"垂直于第一个面"，走刀方式选择"往复"，如图3—59所示，生成刀具加工轨迹。

（2）选择"平面铣削"模式，刀轴选择"垂直于第一个面"，走刀方式选择"轮廓加工"，如图3—60所示，生成刀具加工轨迹。

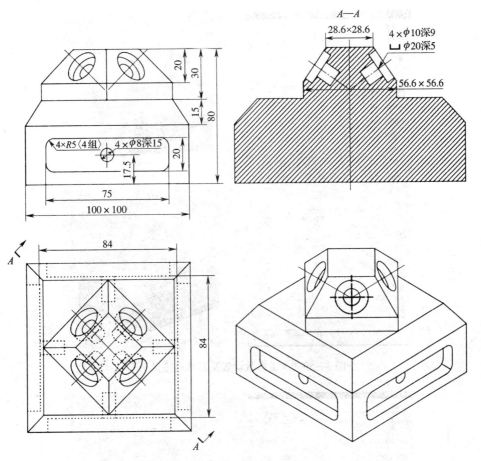

图 3—57　定向铣削加工实例图样

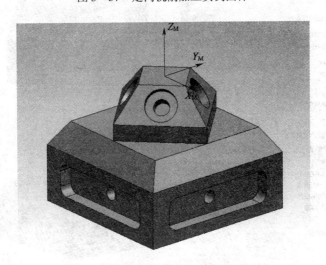

图 3—58　定向铣削加工实例实体模型

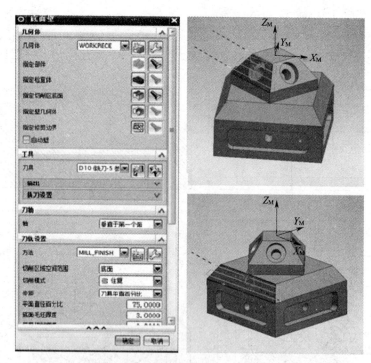

图3—59　加工参数设置及刀具轨迹显示1

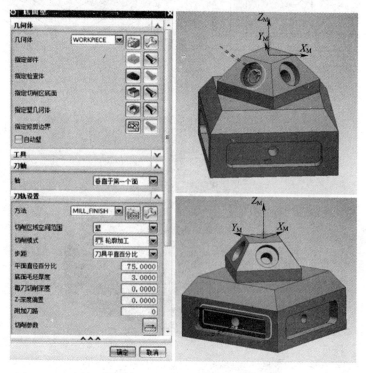

图3—60　加工参数设置及刀具轨迹显示2

3．进行后处理

把刀轨文件生成机床系统对应的代码文件，导入机床完成加工。

二、圆柱凸轮四轴加工实例

圆柱凸轮是典型的四轴联动加工零件，选择带有卧式 A 轴的四轴机床完成加工，其自动编程过程如下。

1．工艺分析（建模过程略）

圆柱凸轮模型如图 3—61 所示，凸轮槽宽 22 mm，凸轮型线高度 18 mm。凸轮槽加工采用粗、精加工进行，粗加工用直径 20 mm 的立铣刀，分层铣削，每层吃深 4 mm，五层铣削完成，为精加工留 0.2 mm 的单边加工余量；精加工用用直径 20 mm 的立铣刀，一次加工到深度，并保证槽宽尺寸。

图3—61　圆柱凸轮模型

2．加工坐标系的设定

装夹工件时使圆柱凸轮的轴线与机床 X 轴平行，旋转轴为 A 轴，如图 3—62 所示。

3．刀具轨迹的生成

选择加工策略时采用"螺旋加工"方式，"刀轴"为"通过直线（垂直)"，以圆柱凸轮型面作为轨迹加工的驱动面，如图 3—63 所示为精加工轨迹显示。

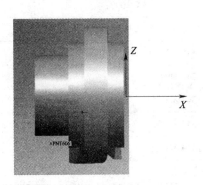

图3—62　加工坐标系

图3—63　精加工轨迹显示

4．后处理

将刀具轨迹通过后处理器处理成机床数控系统所对应的数控加工代码程序即可用于加工，程序如下。

%	N1323 Y47.683 Z45.637；
N1 G00 G40 G90 G54；	N1324 Y48.533 Z45.535；
N2 T2 M6；	N1325 Y48.998 Z45.5；
N3 S3000 M3；	N1326 Y49.014；
N4 M8；	N1327 X-9.001 Y49.769；
N5 G0 Z86.287；	N1328 X-8.892 Y50.657；
N6 X11.417 Y59.03 A-44.；	N1329 X-8.705 Y51.533；
N7 X1.；	N1330 X-8.44 Y52.389；
N8 Z75.5；	N1331 X-8.1 Y53.217；
N9 G1 Z55.5 F500.；	N1332 X-7.688 Y54.012；
N10 X.913 Z55.499 F1200. A-41.464；	N1333 X-7.206 Y54.767；
N11 X.801 A-38.91；	N1334 X-6.659 Y55.476；
N12 X.672 Z55.5 A-36.345；	N1335 X-6.051 Y56.133；
N13 X.533 A-33.779；	N1336 X-5.387 Y56.734；
N14 X.412 A-31.223；	N1337 X-4.672 Y57.272；
N15 X.302 A-28.671；	N1338 X-3.911 Y57.745；
N16 X.176 A-26.113；	N1339 X-3.112 Y58.148；
N17 X.035 A-23.544；	N1340 X-2.279 Y58.479；
N18 X-.078 A-20.992；	N1341 X-1.421 Y58.733；
·	N1342 X-.543 Y58.911；
·	N1343 X.347 Y59.009；
·	N1344 X1. Y59.03；
N1316 X-8.043 Y42.188 Z45.849 A-44.003；	N1345 X26.407 Z71.81；
N1317 X-8.399 Y43.004 Z45.832 A-43.991；	N1346 M9；
N1318 X-8.679 Y43.848 Z45.822 A-43.983；	N1347 M5；
N1319 X-8.874 Y44.715 Z45.813 A-43.988；	N1348 Z200.；
N1320 X-8.991 Y45.595 Z45.806 A-43.994；	N1349 M30；
N1321 X-9.03 Y46.484 Z45.804 A-44.；	%
N1322 Y46.532；	

三、多轴曲面铣削实例

本例是利用多轴机床五轴联动进行多个复杂曲面的加工，如图3—64所示。

图 3—64 多轴联动铣削加工实例模型

1. 零件分析（建模过程略）

零件主要由曲面构成，必须要多轴联动才能更完整地完成零件的加工，才能保证曲面加工的完整性及表面质量。

2. 曲面精加工轨迹生成

（1）选择"多轴外形轮廓加工"模式，"刀轴"项选择"自动"，指定相应的"底面"和"壁"几何体，如图 3—65 所示，生成刀具加工轨迹。

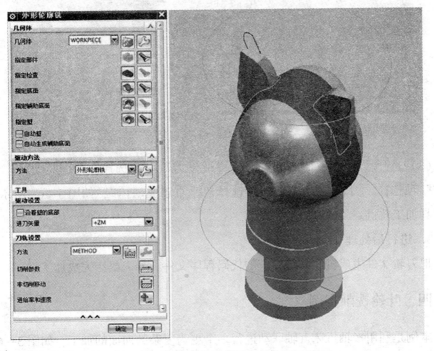

图 3—65 加工参数设置及刀具轨迹显示 1

（2）选择"多轴曲面加工"模式，"驱动方法"项选择"曲面驱动"，"投影矢量"项选择"垂直于驱动体"，"刀轴"项选择"垂直于驱动体"，如图3—66所示，生成刀具加工轨迹。

图3—66　加工参数设置及刀具轨迹显示2

（3）选择"多轴曲面加工"模式，"驱动方法"项选择"曲面驱动"，"投影矢量"项选择"刀轴"，"刀轴"项选择"垂直于驱动体"，如图3—67所示，生成刀具加工轨迹。

3. 进行后处理

把刀轨文件生成机床系统对应的代码程序文件，导入机床完成加工。

四、叶轮铣削实例

本例是利用多轴机床五轴联动进行多个更为复杂的曲面的加工，如图3—68所示。

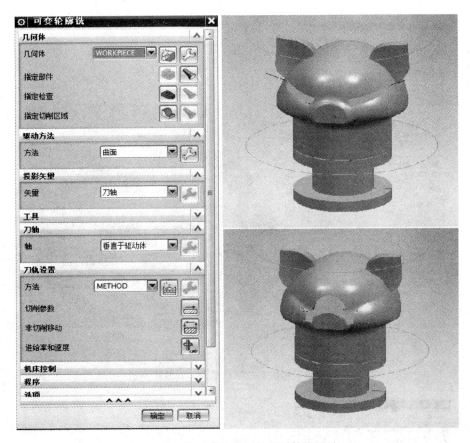

图 3—67　加工参数设置及刀具轨迹显示 3

1. 零件分析（建模过程略）

该零件是典型的叶轮结构，有八个叶片组成，叶片比较扭曲，并且要求流线性，叶片与地面有圆角过渡，表面质量要求较高，采用五轴联动机床才能加工。

2. 叶轮加工轨迹生成

选择"叶轮粗加工"模式，设置"叶轮粗加工"驱动参数，"刀轴"项选择"自动"，设置合理的"切削层"参数，如图 3—69 所示，生成刀具加工轨迹。

（1）粗加工，选择"轮毂精加工"模式，设置"轮毂精加工"驱动参数，"刀轴"项选择"自动"，设置合理的"行距"参数，如图 3—70 所示，生成刀具加工轨迹。

图 3—68　叶轮加工实例实体模型

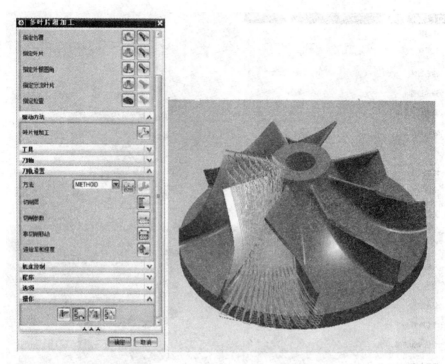

图 3—69　粗加工参数设置及刀具轨迹显示

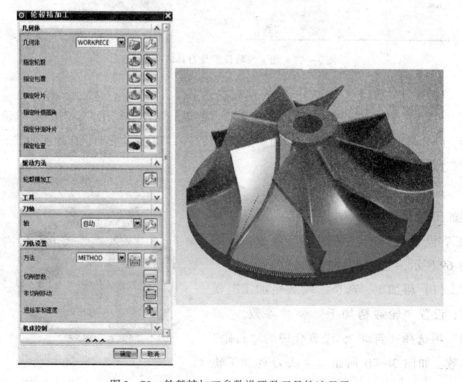

图 3—70　轮毂精加工参数设置及刀具轨迹显示

（2）选择"叶片精加工"模式，设置"叶片精加工"驱动参数，"刀轴"项选择"自动"，设置合理的"切削层"参数，如图 3—71 所示，生成刀具加工轨迹。

图 3—71　叶片精加工刀具轨迹显示

3. 进行后处理

把刀轨文件生成机床系统对应的代码程序文件，导入机床完成加工。

五、多轴孔加工实例

本例是利用多轴机床进行多次定向完成工件上倾斜孔的加工，如图 3—72 所示。

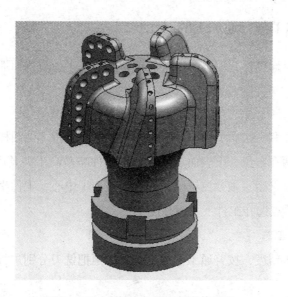

图 3—72　多轴孔加工实例实体模型

1. 创建零件模型（建模过程略）

钻头胎体中各个孔的轴线是变化的，采用五轴机床才能完成加工。

2. 加工轨迹的生成

选择"钻孔"模式，"刀轴"项选择"用圆弧的轴"，设置合理的"钻孔循环"参数，如图3—73所示，生成刀具加工轨迹。

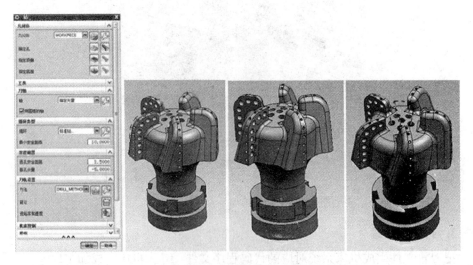

图3—73　多轴孔加工参数设置及刀具轨迹显示

3. 进行后处理

把刀轨文件生成机床系统对应的代码程序文件，导入机床完成加工。

六、高速加工与普通加工的对比

以端面凸轮数控编程和加工为例，分析高速加工工艺与普通加工工艺在数控加工中的应用特点。

1. 零件图样分析

端面凸轮图样和三维模型如图3—74所示，通过分析零件图样，认为在凸轮加工时，最好采用两孔定位，下表面定位，定位元件略微高于夹具底板，如图3—75所示；加工设备可选用三轴数控铣床，或者数控加工中心，工件坐标系原点选在大孔的中心，Z轴零点选在工件下表面高度上。

2. 普通加工工艺

为了保证加工精度，按普通工艺加工时采用两把铣刀分别进行粗、精加工，手工编程。

粗加工采用ϕ20 mm的高速钢立铣刀，转速为300 r/min，进给量为50 mm/min，每次切深3 mm，给精加工单边留0.5 mm的余量。这样粗加工需要七次加工才能完成。加工时间约为：$[(1\,200+120)/50]\times 7+14$（辅助时间）$=199$ min。

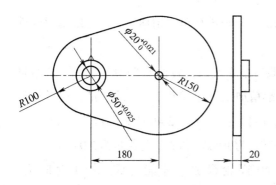
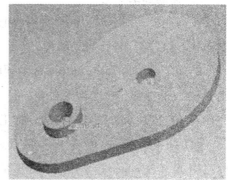

图 3—74　端面凸轮图样和三维模型

图 3—75　端面凸轮装夹示意图

精加工采用 φ16 mm 硬质合金铣刀，转速为 400 r/min，进给量为 40 mm/min，一次加工完成。加工时间约为：（1 200 + 120）/40 = 33 min。

加工单件工时 = 199 + 33 = 232 min。

手工编程的加工参考程序如下。

%	N10 G01 X138.333 Y144.097;
N1 G90 G54 G40 G17;	N11 G02 Y – 144.097 R – 150.;
N2 T01 M06;	N12 G01 X – 27.778 Y – 96.065;
N3 S300 M03	N13 G02 X – 100. Y0 R100.;
N4 M08;	N14 G01 G40 X – 150.;
N5 X – 150. Y0.;	N15 G00 Z200.;
N6 G43 H01 Z50.;	N16 M05;
N7 G01 Z0 F50;	N17 M09;
N8 G41 D01 X – 100.;	N18 M30;
N9 G02 X – 27.778 Y96.065 R100.;	%

3. 高速加工工艺

按高速工艺加工时，同样采用两把铣刀分别进行粗、精加工，以三维编程软件（Pro/E、UG 等）进行自动编程。

粗加工采用轮廓铣，ϕ10 mm 的硬质合金立铣刀，转速为 8 000 r/min，进给量为 2 400 mm/min，每次切深 0.2 mm，给精加工单边留 0.2 mm 的余量。这样粗加工需要 100 圈轮廓加工才能完成。加工时间为：（1 200/2 400）×100 = 50 min。

精加工采用 ϕ8 mm 硬质合金立铣刀，转速为 10 000 r/min，进给量为 3 000 mm/min，每次切深 0.5 mm，这样精加工需要 40 圈轮廓加工才能完成。加工时间为：（1 200/3 000）×40 = 16 min。

加工单件工时 = 50 + 16 = 66 min。

仿真模拟加工过程如图 3—76 所示。

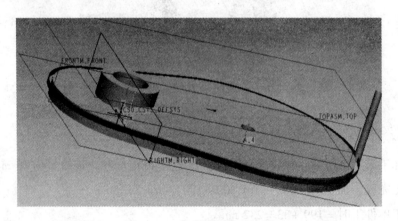

图 3—76 仿真模拟加工过程

加工参考程序如下。

%	N10 G1 X136.889 Y149.092；
N1 G00 G40 G90 G54；	N11 G2 X136.889 Y – 149.092 R – 155.2；
N2 T2 M6；	N12 G1 X – 29.222 Y – 101.06；
N3 S8000 M3；	N13 Z19.6；
N3 G05.1 P1；	.
N4 M8；	.
N5 G0 Z70.；	.
N6 X – 29.222 Y – 101.06；	N503 Z0.；
N7 Z25.；	N504 G2 X – 29.222 Y101.06 R105.2；
N8 G1 Z19.8 F2400.；	N505 G1 X136.889 Y149.092；
N9 G2 X – 29.222 Y101.06 R105.2；	N506 G2 X136.889 Y – 149.092 R – 155.2；

续表

N507 G1 X − 29. 222 Y − 101. 06；	N511 Z200.；
N508 Z70.；	N512 M30；
N509 M9；	%
N510 M5；	

4. 普通数控机床加工与高速机床加工的比较

（1）切削参数：普通加工工艺是低转速、大切深、慢进给，而高速加工工艺是高转速、小切深、快进给。

（2）加工时间：采用普通加工工艺的加工时间为 232 min，而采用高速加工工艺的加工时间为 66 min，约为普通加工工艺所用时间的 1/4。

（3）加工精度与表面粗糙度：采用普通加工工艺加工，工件精度较低，采用高速加工工艺加工，工件精度较高。普通加工的表面粗糙度最高达到 $Ra1.6$ μm，而高速加工可达到 $Ra0.4$ μm。

（4）编程：手工编程简单，自动编程复杂，但手工编程出错率高。

（5）加工成本：高速加工每个零件所占刀具费用是普通加工的 1/10，所占机床费用是普通加工的 1/4。所以，高速加工成本低，而普通加工成本高。

注意事项

1. 编制程序时，要考虑刀具与机床、夹具的干涉。
2. 根据不同的工件材料和刀具类型要选择合理的切削参数。
3. 在保证精度的情况下，尽量提高生产效率。
4. 设置一些常用的程序模板，方便手工编程使用。
5. 采用高速加工时，注意刀路拐角的处理。
6. 设置多轴联动轨迹参数时，注意刀轴的合理设定。

第 3 节　后 置 处 理

学习目标

1. 了解 UG NX 后处理的基本术语和后处理组件之间的相互关系。

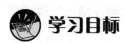

2. 能够构建简单的多轴加工后处理文件。

3. 能够定制简单的车铣复合加工中心的加工后处理文件。

4. 能够利用 Vericut 等仿真软件验证多轴数控加工程序的正确性、合理性。

 知识要求

后处理是数控加工中的一个重要环节，其主要任务是将 CAM 自动编程软件生成的加工刀具刀位轨迹源文件转化成特定机床可接受的数控代码（NC）文件。

UG NX 软件系统在数控加工编程方面是目前市场上较流行的加工编程软件之一，其加工编程功能包括 3~5 轴铣削加工编程、车削加工编程和线切割加工编程等。可以使用 NX 加工模块生成刀轨，在 NX 的刀轨中会包含 GOTO 点和其他机床控制的指令信息。由于不同的机床控制系统对 NC 程序格式有不同的要求，所以这些 NX 刀轨源文件不能直接被控制系统所使用。因此，NX/CAM 中的刀轨必须经过处理转换成特定机床控制器能接受的 NC 程序格式，这一处理过程就称为"后处理"。

NX 软件提供了两种后处理方法，一种是用图形后处理模块 GPM（Graphics Postprocessor Module）进行后置处理，另一种是用 NX/POST 后处理器进行后置处理，NX 后处理文件的基本知识及构建的简要过程如下。

一、新建后处理文件

打开后处理构造器，点击"新建"选项，进入新建后处理文件环境，如图 3—77 所示。

二、机床参数设置

点选"一般参数"，进行如图 3—78 所示的机床参数设置。

三、设置程序和刀路格式

点选"程序和刀轨"选项，进行"程序头格式""程序头代码""程序段行号""换刀指令""直线、圆弧指令""G 指令""M 指令"及"程序结尾"等诸多内容的设置，如图 3—79 所示。

新建后处理名称 ——

后处理说明 ——

公/英制选择 ——

铣床、车床、线切割选择 ——

机床结构选择 ——

控制系统选择 ——

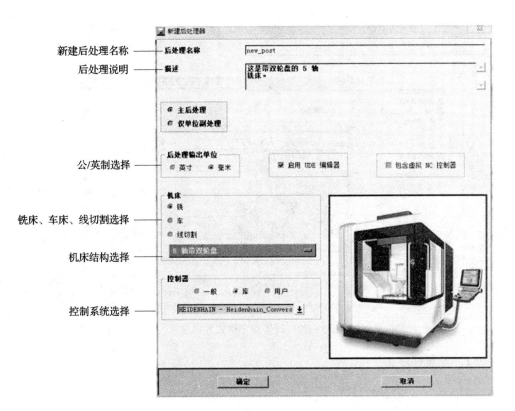

图 3—77 新建后处理界面显示

机床行程设置 ——

机床精度 ——

机床快速
进给速度值

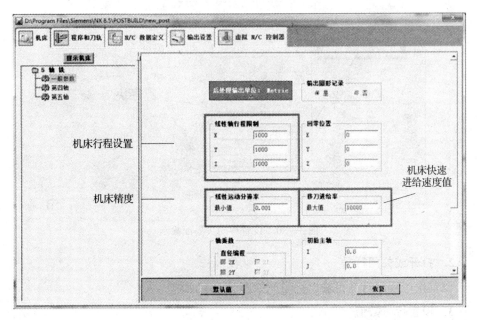

图 3—78 机床参数设置界面显示

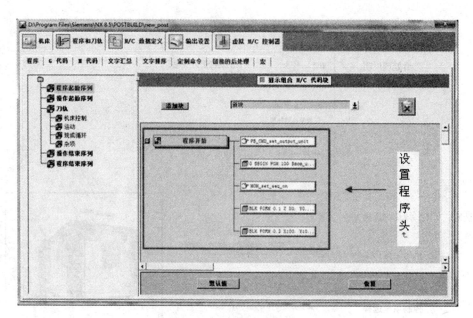

图 3—79　设置程序格式界面显示

1. 设置程序头

设置程序头的各段程序的内容，如图 3—80 所示。

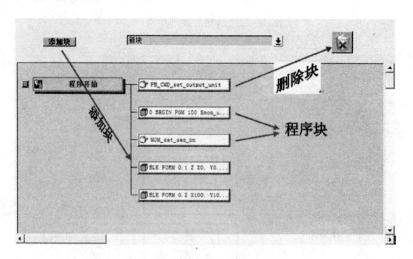

图 3—80　设置程序头界面显示

2. 打开或关闭行号

设置生产程序时是否输出行号，如图 3—81 所示。

3. 设置行号数值

设置行号的起始值及前后两个程序段行号间隔的差值，如图 3—82 所示。

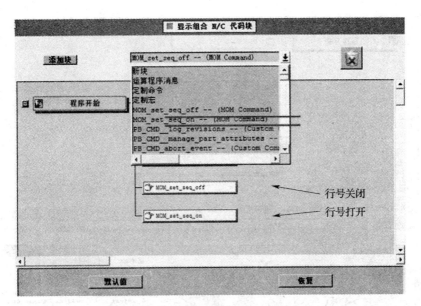

图 3—81　设置程序行号界面显示

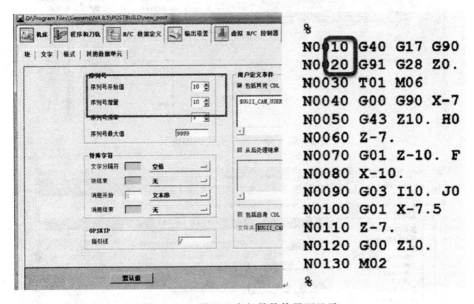

图 3—82　设置程序行号数值界面显示

4. 修改程序头代码（见图 3—83）

5. 设置自动换刀程序指令

根据机床的结构，设置机床的换刀动作，如图 3—84 所示。

6. 设置插补运动（直线）

设置直线运动语句的格式，如图 3—85 所示。

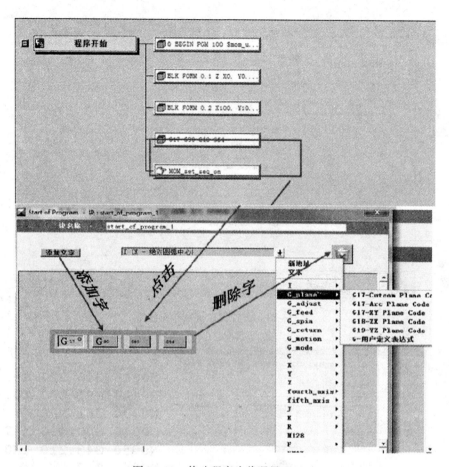

图 3—83　修改程序头代码界面显示

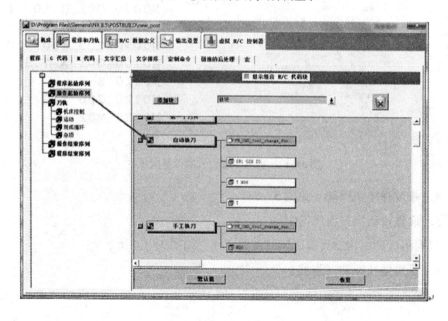

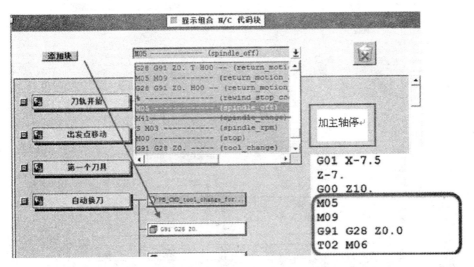

图 3—84　设置自动换刀程序指令界面显示

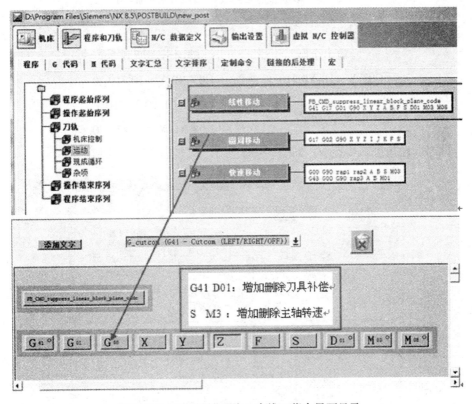

图 3—85　设置插补运动（直线）指令界面显示

7．设置插补运动（圆弧）

设置圆弧运动语句的格式，如图 3—86 所示。

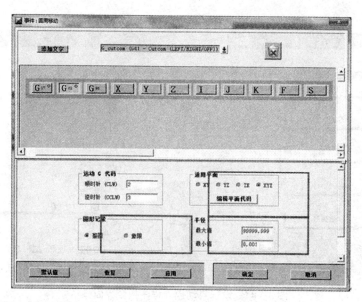

图3—86 设置插补运动（圆弧）指令界面显示

生成程序结果如下。

输出全圆　　　　⟶　　　输出分段圆弧

G03 X – 10 Y0 I10 J0　　　　G03 X0 Y – 10 I10 J0

　　　　　　　　　　　　　　G03 X10 Y0 I0 J10

　　　　　　　　　　　　　　G03 X0 Y10 I – 10 J0

同时，输出圆弧半径 R，如图3—87所示。

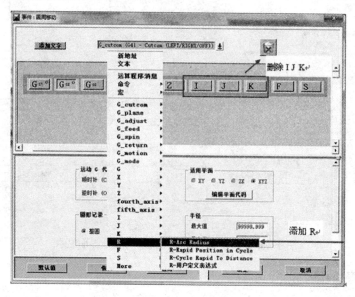

图3—87 设置输出圆弧半径 R 界面显示

生成程序结果如下。

$$G03 \ X-10 \ Y0 \ I10 \ J0 \quad \longrightarrow \quad G03 \ X0 \ Y-10 \ R10$$

8. 设置插补运动（快速）

设置 G00 语句的格式，如图 3—88 所示。

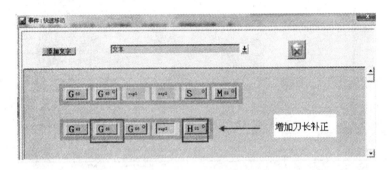

图 3—88　设置快速移动指令（G00）界面显示

9. 设置插补运动（钻孔循环）

设置钻孔、镗孔及攻螺纹等循环指令的语句格式，如图 3—89 所示。

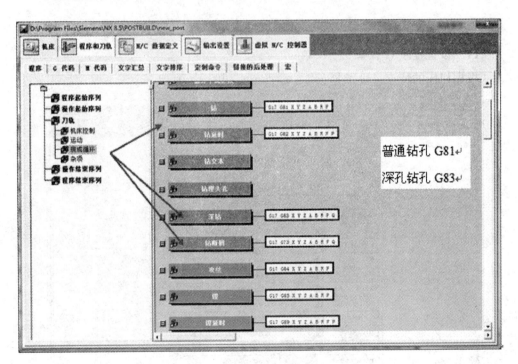

图 3—89　设置钻孔循环指令界面显示

10. 设置程序结尾

设置程序结尾的各程序段的格式及每段包含的指令内容，如图 3—90 所示。

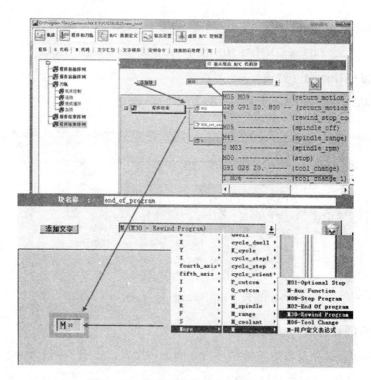

图3—90 设置程序结尾指令界面显示

11. 设置程序 G 代码

根据机床的特点，设置各准备功能指令，如图3—91 所示。

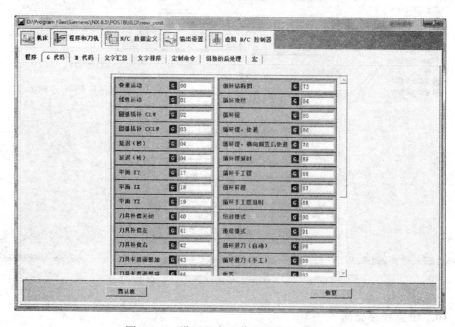

图3—91 设置程序 G 代码指令界面显示

12. 设置程序 M 代码

根据机床的特点，设置各辅助功能指令，如图 3—92 所示。

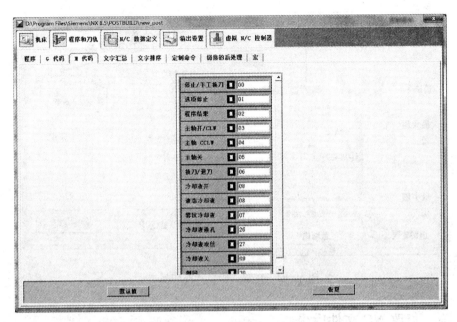

图 3—92　设置程序 M 代码指令界面显示

四、设置代码格式

设置代码格式即设定生成的代码文件的程序格式，如图 3—93 所示。

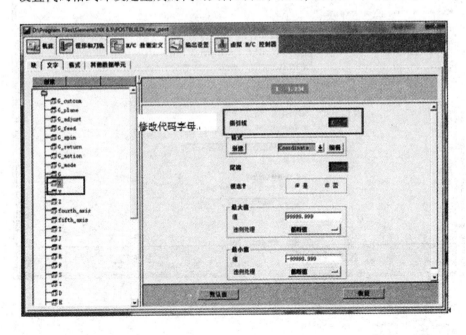

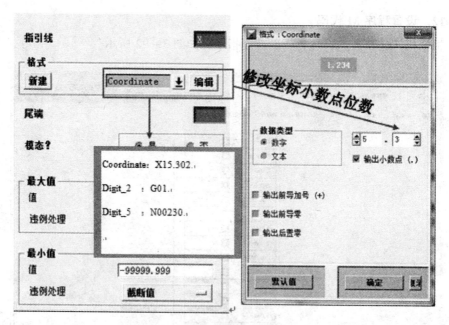

图3—93　设置代码格式界面显示

五、修改 NC 文件后缀

修改 NC 文件后缀即设定生成的代码文件的格式，方法如图 3—94 所示。

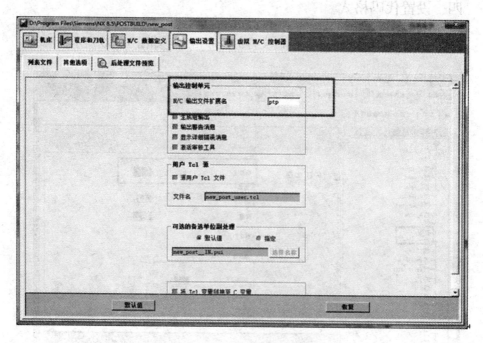

图3—94　修改 NC 文件后缀界面显示

六、后处理文件的安装使用

后处理文件构建好以后进行保存，按照加工轨迹的需要，选择正确的后处理文件，生成加工代码。新建使用的后处理文件，初次使用，一定要经过仿真验证无误之后，才能把生成的加工程序正式投入生产使用，如图 3—95 所示。

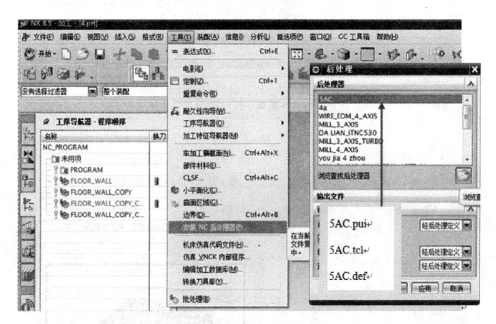

图 3—95　后处理文件界面显示

后处理文件包含三个文件。

（1）Pui 文件：后处理构造器用户界面文件。

（2）Tcl 文件：事件处理文件。

（3）Def 文件：后处理格式定义文件。

 技能要求

下面就以 UG NX/POST 后处理器来介绍多轴机床的后处理文件的创建过程。

一、构建双摆台（TATC）结构五轴加工中心的后处理文件

1. 启动 NX/POST（见图 3—96）

2. 选择机床控制系统

点击主菜单栏，选择"新建"，弹出 Creat New Post Processor 窗口，如图 3—97 所示，进行各项的选择。

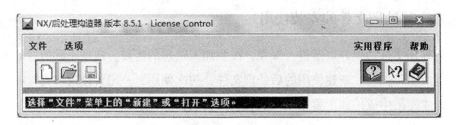

图3—96　启动 NX/POST 界面显示

图3—97　选择机床控制系统界面显示

3. 设置机床各坐标轴的行程极限（见图3—98）

根据机床说明书设置机床的行程极限数据和快速移动速度。

4. 配置机床结构

根据机床结构配置第四轴和第五轴参数，如图3—99所示。

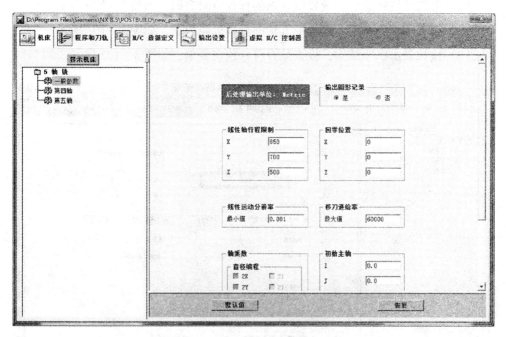

图 3—98　设置机床基本参数界面显示

图 3—99　设置机床结构界面显示

（1）第四轴机床参数，设置第四轴的行程极限数据，如图3—100所示。

（2）第五轴机床参数，设置第五轴的行程极限数据，如图3—101所示。

（3）模拟显示机床结构，检查是否符合预定要求，如图3—102所示。

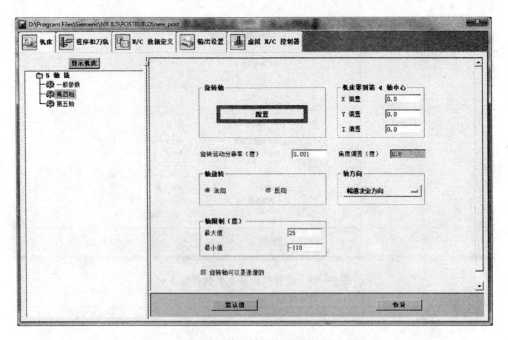

图3—100　设置第四轴的行程极限界面显示

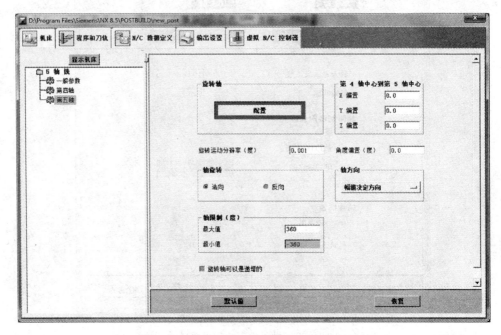

图3—101　设置第五轴的行程极限界面显示

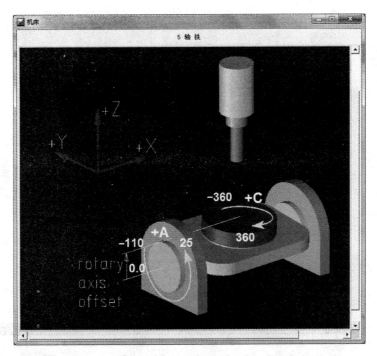

图 3—102　机床结构界面显示

5. 设置程序起始和结尾

（1）设置程序头程序段指令及格式

设置需要输出的刀具信息、加工时间、毛坯尺寸等信息，如图 3—103 所示。

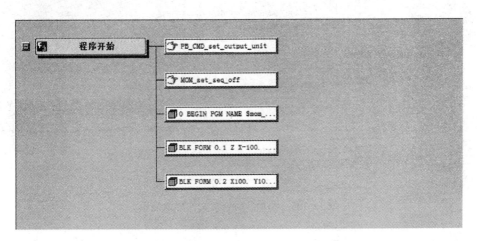

图 3—103　设置程序头工艺信息界面显示

（2）设置程序结尾程序段指令及格式

设置需要输出的相关的取消指令，如图 3—104 所示。

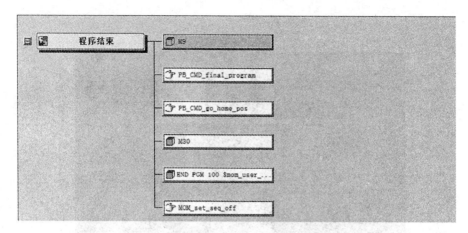

图3—104 设置需要输出的相关的取消指令界面显示

6. 保存文件并退出

启动 NX，添加已经构建好的后处理，如图3—105 所示。

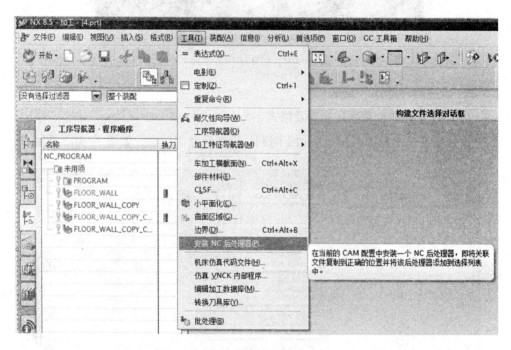

图3—105 添加新后处理文件界面显示

二、构建五轴车铣复合加工中心的后处理文件

构建五轴车铣复合加工中心的后处理文件，首先需要建立一个新的两轴车床后处理文件，保存并关闭；然后建立一个新的摆头＋转台（HBTC）的五轴铣削后处

理文件，保存并关闭；最后建立一个新的铣床后处理文件，机床类型选择车铣复合
（mill – turn XZC），并调入刚刚建立的车削和五轴铣削后处理文件，简要操作步骤
如下。

　　1. 启动 NX/POST 后处理构造器（见图 3—106）。

图 3—106　启动 NX/POST 界面显示

　　2. 新建立一个两轴车床的后处理文件，构建好之后保存。点击主菜单栏，选
择 "新建"，弹出 Creat New Post Processor 窗口，进行创建，如图 3—107 所示（过
程略）。

图 3—107　建立车床后处理文件界面显示

3. 建立一个摆头＋转台（HBTC）的五轴铣削后处理文件，用于 X 方向上的铣削和钻削，构建好之后保存。点击主菜单栏，选择"新建"，弹出 Creat New Post Processor 窗口，进行创建，如图 3—108 所示（过程略）。

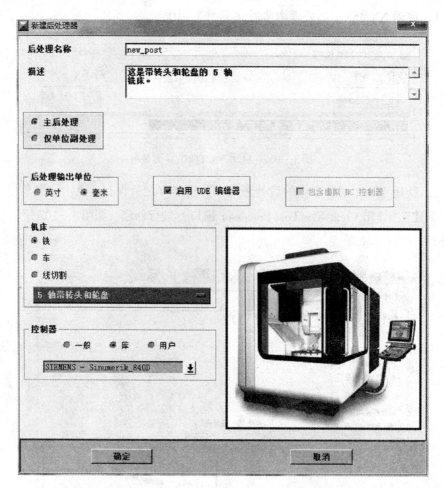

图 3—108　建立摆头＋转台的五轴铣削后处理文件界面显示

4. 建立一个车铣复合加工中心后处理文件，用于 Z 方向上的铣削和钻削。点击主菜单栏上的"新建"按钮，弹出 Creat New Post Processor 窗口，进行创建，如图 3—109 所示。

5. 设置机床参数。设置初始主轴在 Z 轴上，如图 3—110 所示。

6. 打开"程序和刀轨"选项，设置需要链接的刚刚新建的后处理文件，如图 3—111 所示。

（1）添加新建的车床的后处理文件，如图 3—112 所示。

（2）添加新建的五轴摆头＋摆台结构的后处理文件，如图 3—113 所示。

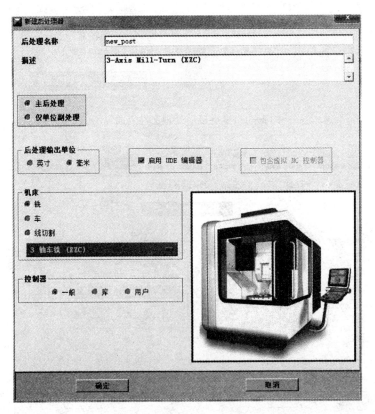

图 3—109 建立车铣复合加工中心后处理文件界面显示

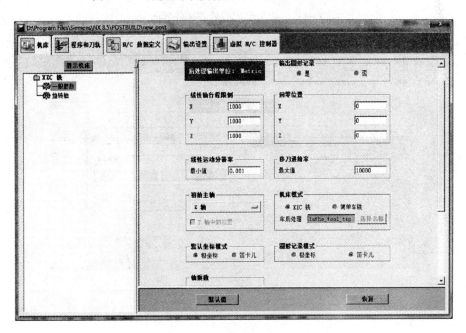

图 3—110 设置机床基本参数界面显示

图3—111 链接后处理文件界面显示

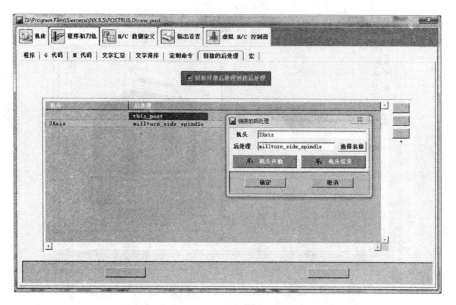

图3—112 添加车床后处理文件界面显示

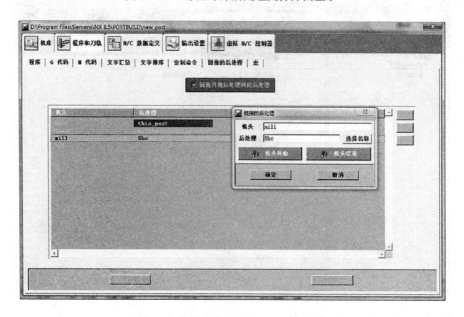

图3—113 添加五轴后处理文件界面显示

（3）在链接后处理的开始和结尾处，根据机床特点，如有特殊的 G、M 代码，可以分别点击"程序开始"和"程序结尾"，进行程序开头和结尾的程序段指令格式的设置。

7. 保存设置好的后处理文件，生成一个简单的车铣复合机床加工轨迹程序进行验证，检查轨迹程序是否正确，如果与实际机床一致，即可用于自动编程软件进行车铣复合加工中心加工轨迹的后处理操作。

三、使用 Vericut 软件进行多轴数控加工程序模拟仿真的操作步骤

（1）创建一个新的公制项目文件，如图 3—114 所示。

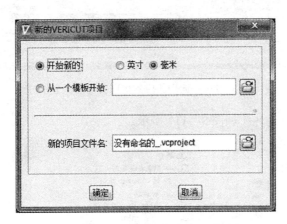

图 3—114　新建项目文件界面显示

（2）调用与实际加工机床一致的控制系统，如图 3—115 所示。

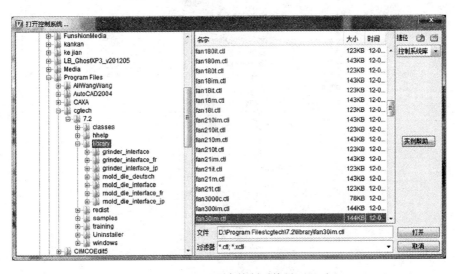

图 3—115　调用机床控制系统界面显示

（3）调用与实际使用机床结构一致的机床文件，如图3—116所示。

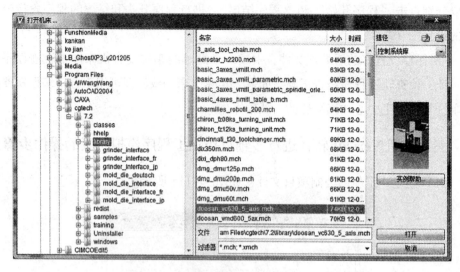

图3—116　调用相应的机床文件界面显示

（4）创建工件毛坯，如图3—117所示。

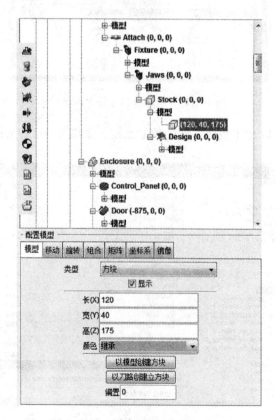

图3—117　创建工件毛坯界面显示

（5）设置加工坐标系，位置与 CAM 软件中一致，如图 3—118 所示。

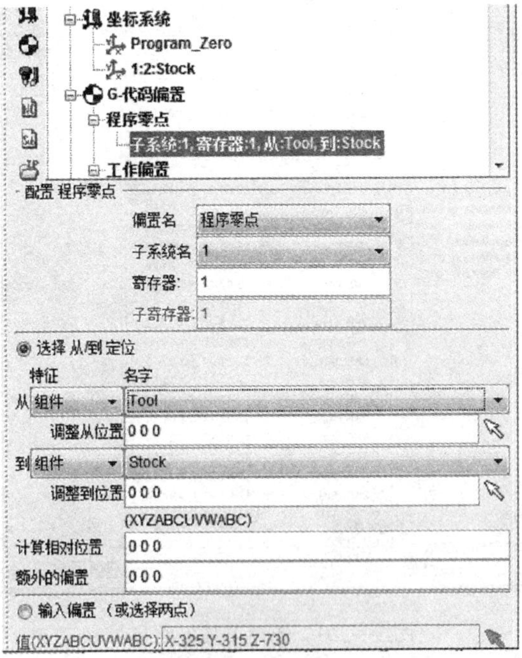

图 3—118　设置加工坐标系界面显示

（6）添加与 CAM 软件中一致的刀具，如图 3—119 所示。

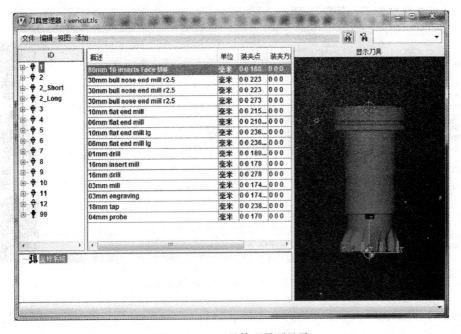

图 3—119　刀具管理界面显示

（7）调用与 CAM 软件中一致的刀具，如图 3—120 所示。

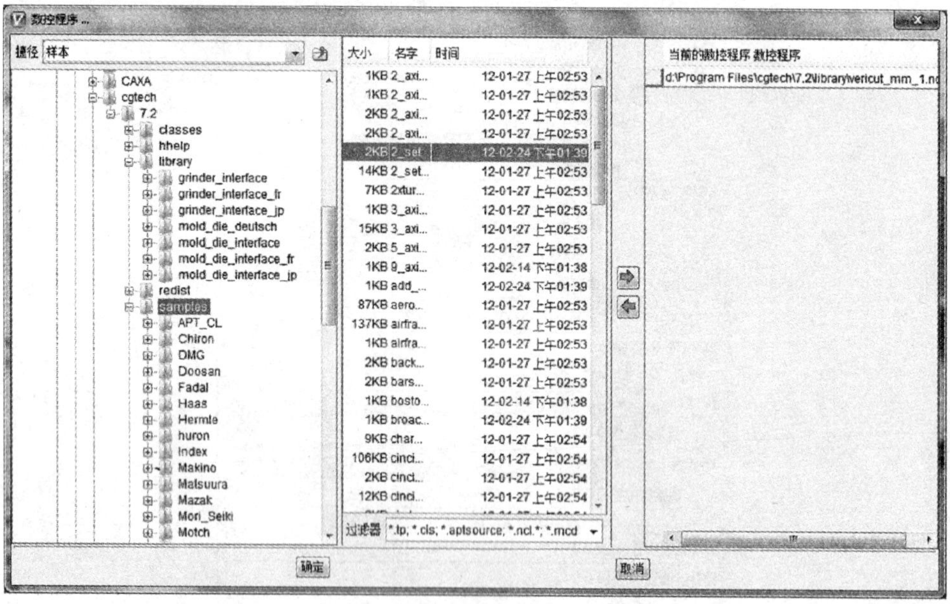

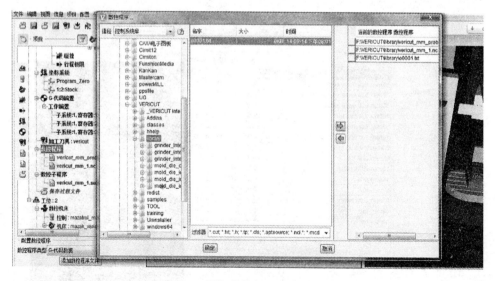

图 3—120　选择刀具界面显示

（8）添加后处理生成的 G 代码（即数控加工程序），用于仿真验证，如图
3—121 所示。

图 3—121　添加数控加工程序界面显示

（9）开始模拟，检查是否存在干涉，分析工序是否合理，测量加工结果是否
正确，如何优化，如图 3—122 所示。

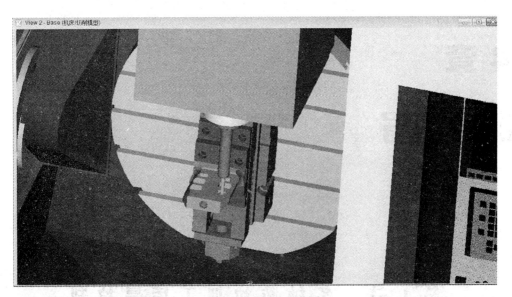

图 3—122　仿真模拟加工界面显示

 注意事项

1. 后处理建立之后一定要用 Vericut 等仿真加工软件来验证生成 G 代码的正确性。

2. 在处理多轴联动加工程序时，注意摆动轴过极限时的处理方式。

3. 后处理一定要添加刀具补偿地址选项。

4. 后处理文件中一定要添加控制机床必需的指令。

第4章

培训与指导

第1节　多轴数控加工质量控制

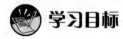

学习目标

1. 能够分析与解决多轴数控加工中常见的质量问题。
2. 能够正确进行多轴数控机床各轴的对刀操作。
3. 能够掌握球面加工误差的消除方法。
4. 能够进行多轴数控加工工艺的合理制定。
5. 能够熟练掌握多轴数控机床加工的基本操作。
6. 能够与机床操作工一起，现场制定或改进加工方案。

知识要求

一、多轴数控机床加工工艺分析

1. 利用多轴数控机床可加工更加复杂的型面

在多轴数控机床产生之前，复杂曲面通常是使用三轴数控铣床和球头铣刀进行加工，为了避免干涉，有时还需要把一个零件分解为若干个零件分别加工。如果使用多轴数控机床加工，就可以加工三轴数控机床很难加工的复杂曲面，也可以整体加工复杂的零件，并且定位夹紧装置变得简单。可以利用多轴数控机床进行加工的零件大多是：某些模具型面、叶片型面以及整体叶轮等变角度曲面。

2. 利用多轴数控机床加工可以明显提高加工质量

（1）利用三个直线轴联动加工曲面时，通常是采用球头铣刀加工。如图 4—1 所示，当球头铣刀加工到很平缓的区域时，由于球尖处的刀具半径非常小，所以该处的切削线速度非常低，此点的切削状况基本上是刀具在挤压被切削材料而不是在做切削运动。所以该区域的加工表面质量很差，且加工效率很低。如果采用多轴加工方法，把球刀的刀轴倾斜一定的角度，就可以使刀具与工件接触点的切削速度明显提高，切削质量得到改善，切削效率也大大提高。如果满足刀具侧铣的条件，利用侧铣的方式加工，各方面效果会得到更明显的提高。

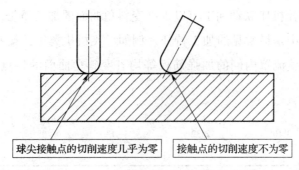

图 4—1　球头铣刀刀轴倾斜一定的角度

（2）多轴加工可把点接触改为线接触从而提高加工质量。从理论上讲，球刀加工曲面时是一个球在曲面上滚动，实际上是一个点在曲面上运动，由于球刀的球径不大，所以切削面积不大。通常加工曲面时采用行切的方式，一行接一行地把曲面加工出来，加工后的表面会留下一行行的残留余量。为了使残留余量的高度减小，就要通过减小行距来实现。因此，为了把一张曲面加工出来，同时又要使表面粗糙度比较好，就要加密行距才能得到比较好的效果，这样加工时间和成本就会增加。

众所周知，减小残留余量高度的另一种方法是增加球刀的半径。如果把球刀换为立铣刀，利用立铣刀的侧刃或端刃切削曲面，就相当于使球刀的曲率半径无限大，那么切削后残留余量的高度就会大大减小。如图 4—2 所示为球头铣刀和立铣刀铣削曲面的区别，图 4—3 所示为用立铣刀端刃切削曲面的情况。然而用侧刃或端刃切削曲面的最大问题就是切削干涉问题，为了避免干涉，就必须使用多轴加工。换言之，立铣刀侧刃切削或端刃切削是一条直线在曲面上滚动而非一个点在曲面上移动，其优点在于可以减小残留余量的高度，可以加大切削的行距，提高切削效率和切削质量。但是必须多轴联动才能加工出准确的曲面。

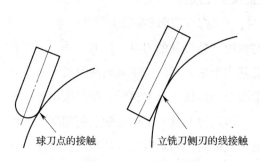 

球刀点的接触　　　　　立铣刀侧刃的线接触

图4—2　球头铣刀和立铣刀铣削曲面的区别　　　图4—3　立铣刀端刃切削曲面

（3）多轴数控机床联动加工可以提高变斜角曲面的加工质量。变斜角平面零件在航空航天器中是最常见的加工特征。例如，飞机机翼中的梁和肋、直升机的腹板、火箭头部整流罩内侧的加强筋板等均有变斜角曲面的特点，如图4—4所示。

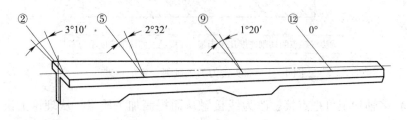

图4—4　变斜角平面零件

如果不用多轴数控机床加工此类零件，一个方法是采用分段加工，即采用不同斜角的铣刀分别加工这个零件，或者把零件按倾斜角度分段地铣削，然后在衔接处人工修磨；另外的方法是三轴数控机床加工，利用球刀进行加工。这些加工方法要么是加工不精确，耗费人工，要么就是加工时间长，而表面质量又很差。

如果使用多轴数控机床加工此类零件，就可以使用立铣刀的侧刃一次精加工成形。在加工时铣刀的轴线逐渐从0°倾斜到3°10′，或者反之。这样加工出的零件表面质量要比球刀加工的表面质量好很多，精度也能保证，免除人工修磨，同时切削效率大大提高。

（4）多轴联动机床加工可以提高叶片类零件前后缘的加工质量。某些叶片类零件既可以采用三轴加工也可采用多轴加工。如果采用三轴加工，那么加工时只能加工完一面以后再加工反面。这种加工方法有两个不容易解决的问题，其一是变形问题,其二是前后缘不光顺的问题。零件变形是每种零件加工都会遇到的问题,只是叶片类零件的变形更为突出明显。如果在加工中一面一面地完成,最后精加工时零件的支承力就会很小,零件的加工变形就会很严重。除非叶片的反面加上辅助支承,或者采用小直径刀具高速切削的方法来减小切削力。即使这样,零件的变形现象依然存在,而且也解决不了前后缘不光顺的问题。如图 4—5 所示,采用三轴加工时,刀具运行到边缘的最大点处就必须折返,所以在折返点产生刀痕,使得边缘很不光顺,影响加工精度。叶片的前后缘越薄,这种现象越明显。如果采用四轴数控机床加工,可以固定装夹叶片的榫头,而另一端可以用顶尖支承,形成一夹一顶的装夹方式,如图 4—6 所示。加工时采用刀具环绕零件连续加工,这种加工方法可以从叶尖部逐渐加工到叶根部,叶片零件的余量不是一次单边去除,而是正反面均匀去除,因而使零件的自身刚度得到提高,变形量减少。同时由于刀具是环绕零件加工,在切削时没有折返现象,叶片前后缘的表面质量和光顺程度会大大提高。如图 4—7 中所示是多轴数控机床铣削叶片的实际加工照片。

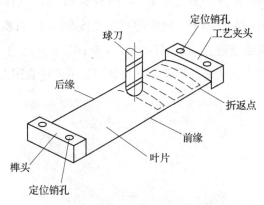

图 4—5 三轴铣削叶片

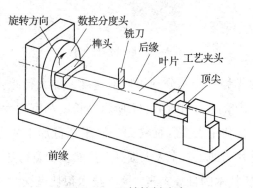

图 4—6 四轴铣削叶片

刀具

数控转台

叶片

尾座

图 4—7 多轴数控机床铣削叶片

3. 利用多轴数控机床加工可以明显提高加工效率

如图 4—8 所示是一个叶片曲面零件，它的长和宽分别为 200 mm 和 70 mm。如果采用球刀行切，行距为 0.5 mm，按 1 000 mm/min 的进给速度切削，那么至少需要 140 行才能完成整个曲面的加工。加工时间需要 28 min。但是如果采用多轴数控铣床并采用环形铣刀的宽行加工，同样的残留高度只用 10 行就可完成整个曲面的加工。按照同样的进给速度，切削时间可以控制在 3 min 之内。如图 4—9 所示是宽行加工叶片曲面的刀具轨迹，图 4—10 为宽行加工的仿真图形。

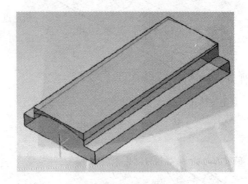

图 4—8 叶片曲面零件

多轴宽行加工的优势在于充分利用切削速度，加大行距，效率高，表面质量好，目前已经用于生产实际。如图 4—11 所示是长度和宽度大约为 6 m×4 m 的水轮机叶片，图 4—12 是利用大直径面铣刀，采用宽行加工的方法加工该叶片的情景。宽行加工使得叶片的加工效率大大提高。虽然多轴宽行加工刀具轨迹计算相对复杂，然而随着 CAM 技术的日益成熟，这项技术很快就会与其他生成刀具轨迹的方法一样高效而又便捷。

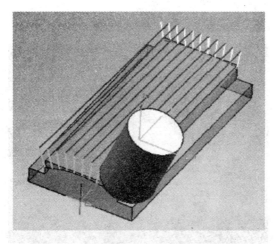

图 4—9　宽行加工叶片曲面的刀具轨迹

图 4—10　宽行加工叶片曲面的仿真图形

图 4—11　水轮机叶片

图4—12　宽行加工水轮机叶片

二、多轴数控机床的对刀方法

对刀操作的目的就是将 CAM 编程软件的三维模型中的加工坐标系与实际机床上的加工坐标系统一起来。如图 4—13 所示，工件原点（加工坐标系原点）位置是由编程人员设定的。机床上工件的原点反映的是工件与机床原点之间的位置关系。工件原点一旦确定一般不得随意改变位置。

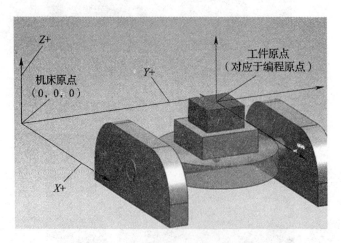

图4—13　工件原点与机床原点的关系

采用三轴机床加工时，工件在机床工作台上装夹好之后，要找到编程时在模型中设定为基准点的那一点在机床上的位置，也就是测出这一点的机械坐标值。

五轴机床加工的对刀操作与三轴机床不同，一是操作顺序不同，二是五轴比三轴要多一些内容。三轴机床一般都是先找正装夹好工件，再去进行对刀操作。五轴机床有时要先进行部分对刀操作，然后再装夹工件。这种情况下，工件装夹的位置还需按照对刀的要求进行校正。五轴机床的旋转轴或摆动轴都是按角度值运动的，因此五轴机床的对刀还需要校正旋转轴或摆动轴的零点位置。当机床结构为双转台（TATC）或双摆头（HAHC）时，两个旋转轴是相关的（其中一个旋转轴跟随另一个旋转轴运动），这时需要测定两轴的距离或偏心量；当五轴机床含有摆头结构时，还需要测量摆长以及刀具长度。

1. 三种主要结构类型的五轴机床

（1）双转台机床（工作台回转、摆动）

在工件装夹之前测量确定两转轴轴线和摆轴轴线的交点、转台表面到摆轴轴线的距离，还要将转台校水平，装夹工件时校正工件或测量出工件位置偏差。

（2）转台＋摆头机床（工作台回转，刀具摆动）

在装夹工件之前测出转台中心，装夹工件时校正工件或测量出工件位置偏差，还要测定摆轴的有效摆长（有效摆长＝摆轴长＋基准刀具长）。

（3）双摆头机床（刀具回转、摆动）

测定摆轴的有效摆长，还要校正摆轴和转轴的零度位。

不管机床是哪种结构，机床控制系统发展到目前，大部分五轴机床对刀实际上只是要求把回转轴归零，工件找正装夹好，假想把主轴端面中心移到工件零点位置，这时机床各轴的机械坐标数值，就是工件原点坐标，对刀过程实际上就是找到这个机床位置。

2. 双转台五轴机床的对刀方法

双转台五轴机床一般可取双转台的旋转轴线的交点作为加工坐标原点，因此，双转台机床的对刀也就是要找到双转台旋转轴线的交点，加工原点的 X、Y、Z 轴坐标均由转台旋转轴线交点确定。

（1）校正双转台

把千分表吸在主轴上，如图 4—14 所示，让表头接触到双转台基准面 face1，保持机床 Y 轴位置不变，沿 X 轴移动，使表头接触 face2，若表头接触 face1、face2 时的读数不同，则调整双转台的位置，直到读数相同，以使 B 轴轴线与机床 X 轴方向平行。完成后固定双转台，固定后要注意复检，防止固定过程中转台受力移动。

（2）校正 B 轴零位（对刀 B 轴原点）

一般取 C 轴转台（双转台上的圆形小转盘）的旋转平面为水平面时的 B 轴位置为 B 轴零位。校正方法如下：如图 4—14 所示，千分表吸在主轴上，让表头接触

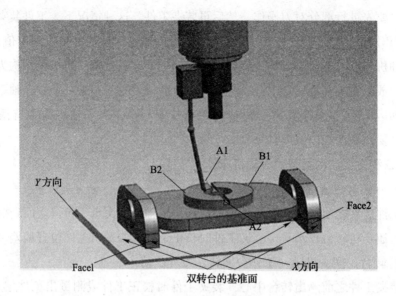

双转台的基准面

图4—14　校正双转台

到 C 转台表面，首先沿 X 轴从 B1 到 B2 打表，以确认转台的安装是否平整，若千分表读数两点不同，则需要重新固定转台，确保转台安装面的清洁，并重新进行步骤 1 校正转台安装方向；然后，沿 Y 轴从 A1 到 A2 打表，调整 B 轴角度，使千分表在 A1、A2 两点的读数相同，此时 C 轴的旋转平面校正到了水平位置。转台水平后，把此时 B 轴的机床坐标值输入到 G54 中。

（3）找 C 轴转台的中心（对刀 X、Y 轴原点）

把千分表吸在刀柄上，并保证在表座随着刀柄在 360° 范围内旋转时不受阻碍。让表头接触到 C 轴转台的内孔表面，旋转刀柄（千分表应随着刀柄转动），如果表的回转中心和转台中心不重合，调整 X 轴和 Y 轴的位置，直至二者重合为止（此时千分表在回转台内壁任意角度的读数相等或在允许的误差之内），把此时 X 轴和 Y 轴的机床坐标值分别输入到 G54。

（4）找出 B、C 轴线的交点（对刀 Z 轴原点）

1）测量摆长。使 B 轴运动至 G54 原点的位置，X、Y 轴移动至主轴中心与 C 转台的中心位置重合（即机床移动至 G54 X0 Y0 B0），在手轮方式下把"相对移动量"项清零，再让 B 轴摆动至"－90°"，如图4—15所示。让刀具的侧刃（最好使用寻边器，防止切削刃刮伤转台）接触 C 轴回转台的表面，把此时"手轮方式"下的"相对移动量"下的 Y 坐标的值记录下来，记为"R"，这个值再减去刀具半径就是 B 轴的回转半径，记为"ZH1"，即 ZH1 =（|R| － 刀具半径）。

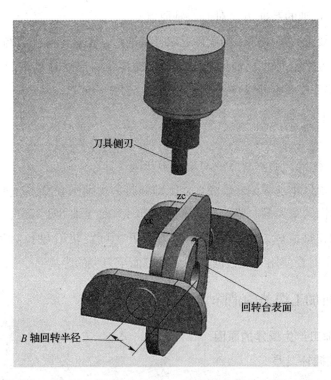

图 4—15　双转台摆长测量

2）对 C 转台高度。将 B 轴运动至 G54 原点的位置，用刀尖接触 C 转台表面，将此时机床坐标值记为"ZH2"，如图 4—16 所示。

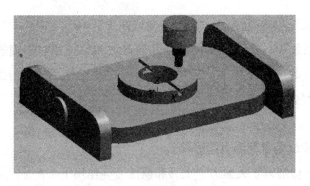

图 4—16　刀尖接触 C 转台表面

3）设定 Z 轴原点坐标。G54 $Z = ZH2 - |ZH1|$，将此数值输入 G54 的 Z 框中并保存。

（5）装夹工件

把工件装夹到旋转台上，转动旋转台，保证工件和压板等装配物件在转台转动的过程中不碰撞周边的任何物体。

（6）选定 C 轴的基准边（对刀 C 轴原点）

通常在需要进行多轴加工的工件上取一基准边，把这个基准边与 X（或 Y）轴成一特定角度或平行时的 C 轴位置作为 C 轴的零位。把此时 C 轴的机床坐标值输入到 G54 话框的 C 框中并保存。

（7）找工件基准点与转台中心点的偏差

使机床 B、C 轴都移动至零位，按照三轴的对刀方法找到工件上对刀基准点 X、Y、Z 的机床坐标值，输入到 G54 对话框中并保存。

目前，数控机床系统参数已经预存主轴端面至 A 轴中心坐标及 A、C 回转轴线交点至工作台面的距离等一些数据。所以对刀时只要 A 轴处于零位，工件可以偏离转盘中心。像三轴机床一样拉直找正对刀即可（可旋转 C 轴拉直后，定 C 轴零点），但是加工时要使用刀长数据（即主轴端面至刀尖的距离）。

三、球面加工误差的消除方法

1. 数控加工产生误差的原因

（1）数控插补误差

数控插补误差由编程误差、逼近误差、圆整误差等造成。编程误差是计算基点坐标时产生的误差；逼近误差是在用直线段或圆弧段去逼近非圆曲线的过程中产生的误差；圆整误差是在数据处理时，将坐标值四舍五入圆整成整数脉冲当量值而产生的误差。

（2）工艺系统几何误差

由于工艺系统中各组成环节的实际几何参数和位置相对于理想几何参数和位置发生偏离而引起的误差称为工艺系统几何误差。工艺系统几何误差值与工艺系统各环节的几何要素有关，包括数控机床进给系统的反向间隙误差及丝杠螺距误差等。

（3）工艺系统受力变形引起的误差

工艺系统在切削力、夹紧力、重力和惯性力等作用下会产生变形，从而破坏了已调整好的工艺系统各组成部分的相互位置关系，导致加工误差的产生，并影响加工过程的稳定性，包括定位误差、对刀误差等。

（4）工艺系统受热变形引起的误差

在加工过程中，由于受切削热、摩擦热以及工作场地周围热源的影响，工艺系统的温度会产生复杂的变化。在各种热源的作用下，工艺系统会发生变形，从而改变系统中各组成部分正确的相对位置，导致加工误差的产生。

（5）工件内应力引起的加工误差

内应力是工件自身的误差因素，工件冷热加工后会产生一定的内应力，通常情况下内应力处于平衡状态；但对具有内应力的工件进行加工时，工件原有的内应力平衡状态被破坏，从而使工件产生变形，引起加工误差。

（6）测量误差

在工序调整及加工过程中测量工件时，由于测量方法、量具精度等因素对测量结果准确性的影响而产生的误差统称为测量误差。

2. 在数控车床上加工球面时形状误差常见的影响因素及消除方法

（1）车刀刀尖偏离主轴轴线引起的误差及消除方法（以车内球面为例）

如图 4—17 所示，ΔY 为车刀偏离 X 轴的距离，D_1 为 A—A 剖面理论直径，D 为所需球直径，$R = D/2$ 为数控车床刀具圆弧插补半径。在 A—A 剖面上刀具圆弧插补曲线呈长轴为 D、短轴为 D_1 的椭圆，其误差为 $d = D - D_1 = D - 2 \times \left[(D/2)^2 - \Delta Y^2\right]^{1/2}$，在实际生产中，产品图样一般要提出被加工球直径精度。如加工球轴承精度一般在 ± 0.005 mm 以内，即 $\delta = 0.01$ mm，为保证该精度，必须控制 $\Delta Y = \pm (Dd^2 - d^2)^{1/2}$。设 $D = 80$ mm，则在加工球轴承时，计算所得 $|\Delta Y| \leq 0.63$ mm，对刀方法如图 4—18 所示，百分表上的数值即为 ΔY。

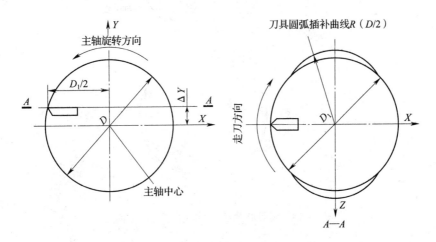

图 4—17　车刀刀尖偏离 X 轴的误差

（2）刀具圆弧插补圆心误差的影响及消除方法（以车内球面为例）

如图 4—19 所示，ΔX 为刀具圆弧插补圆心偏离 Y 轴的距离，D 为所需球直径，D_1 为 XOY 平面上实际加工直径，$D/2$ 为刀具圆弧插补半径。可见，在 XOY 平面上，误差 $\delta = D_1 - D = 2 \times \Delta X$；在 XOZ 平面上，呈长轴直径为 D_1、短轴直径为 D 的椭圆球，其误差 $\delta = D_1 - D = 2 \times \Delta X$，用逐点比较法消除刀具圆弧插补圆心误差的影响。

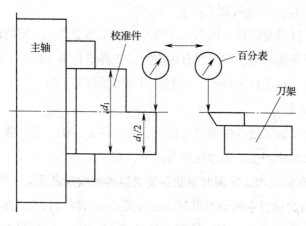

图 4—18　对刀

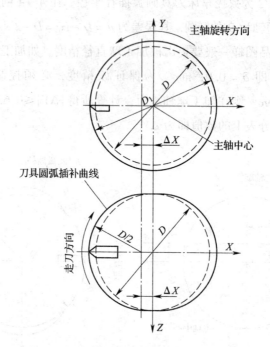

图 4—19　刀具圆弧插补圆心误差（内球面）

　　设 D 为所需内球直径，粗车时留 $1 \sim 1.5$ mm 半精车余量，即 $A_1 = D - (1 \sim 1.5)$。将粗车球内径实际尺寸与程序中圆弧插补直径 A_1 比较，得到刀具圆弧插补圆心偏离主轴中心误差为 $2\Delta X$。若 $2\Delta X > 0$，则沿 X 轴方向正向补偿 ΔX，若 $2\Delta X < 0$，则沿 X 轴方向负向补偿 ΔX，如图 4—20 所示。

　　半精车留 0.4 mm 精车余量，即 $A_2 = D - 0.4$，然后测量、比较，刀具补偿的方法同上，直到车出所需的内球面。车外球面与车内球面原理相同，补偿方向相

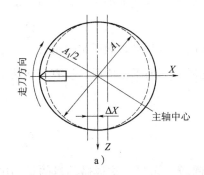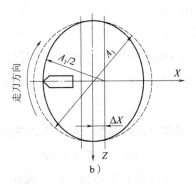

图 4—20　刀具补偿

a) $2\Delta X > 0$，正向补偿 ΔX　b) $2\Delta X < 0$，负向补偿 ΔX

同，所不同的是刀具安装方向相反。由于数控车床步进电动机脉冲当量可达 0.01 mm、0.005 mm、0.001 mm，圆弧插补曲线精度相应在 ±0.01 mm，±0.005 mm，±0.001 mm，根据被加工零件需求，选择相应的数控车床，即可满足实际生产需要。

（3）机床伺服增益参数误差的影响

X、Z 轴速度匹配不合理，造成圆度有误差。调整机床相应的加减速控制参数以降低影响。

（4）机床机械部件存在几何误差的影响

机床机械部件存在平行度或垂直度等几何误差，造成圆度有误差。调整机床的几何精度以降低影响。

四、多轴数控加工工艺

1. 多轴零件加工的特点

（1）编程相对复杂

不论是四轴编程还是五轴编程，相对于两轴轮廓编程和三轴曲面编程都复杂得多，复杂之处在于多轴编程要考虑零件或刀具的旋转以及刀轴的变化。以 UG NX 软件为例就有多种铣削方式可供选用，每种铣削方式有多项控制参数需要合理设置。不仅如此，多轴编程的后置处理也是相当重要且相对复杂的一个环节。后置处理的参数设置要考虑机床运动关系、机床的结构尺寸、工装夹具的尺寸以及工件的安装位置等，前面的章节已经讲述。所以，多轴编程和加工相对于三轴的编程和加工要复杂很多。

（2）工艺顺序与三轴有所不同

使用三轴机床加工曲面时，一般的方法就是行切，效率很低，可能需要多次装夹，使用五轴机床加工曲面时，一次装夹可能会完成全部加工，省时省力。

（3）加工精度较高

使用五轴联动加工出的曲面不仅尺寸精度高，而且表面质量也很好，一般不用打磨就能保证要求。由于一次装夹可能会完成全部加工，所以，没有多次装夹造成的定位误差。

2. 典型零件多轴加工的工艺方法分析

（1）粗加工的工艺安排原则

1）尽可能选用平面加工或三轴加工去除较大余量，这样做的目的是切削效率高，减少五轴机床不必要的占机时间。

2）分层加工，留够精加工余量，分层加工使零件的内应力均衡，防止变形过大。

3）遇到难加工材料或者加工区域窄小、刀具长径比偏大的情况时，粗加工可采用插铣方式。

（2）半精加工的工艺安排原则

1）给精加工留下均匀的较小的余量。

2）保证精加工时零件具有足够的刚性。

（3）精加工的工艺安排原则

1）分层、分区域分散精加工。顺序最好是从浅到深，从上到下。对于叶片、叶轮类零件，最好是从叶盆、叶背开始精加工，再到轮毂精加工。

2）模具零件、叶片及叶轮等零件的加工顺序应遵循"曲面→清根→曲面"反复进行。切忌相邻两曲面的余量相差过大，造成在加工大余量时刀具向相邻的余量较小的曲面方向让刀，从而造成相邻曲面过切。

3）尽可能采用高速加工。高速加工不仅可以提高精加工效率，而且可以改善和提高工件精度和表面质量，同时有利于使用小直径刀具，有利于薄壁零件的加工。

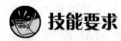 **技能要求**

下面以海德汉（HEIDENHAIN iTNC530）数控系统为例介绍多轴数控机床的基本操作。

一、数控系统面板

HEIDENHAIN iTNC530 数控系统面板如图 4—21 所示。

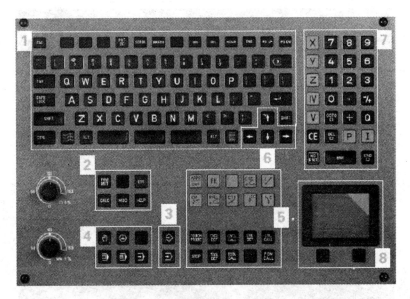

图 4—21　海德汉 iTCN530 数控系统面板

（1）字母键盘用于输入文本和文件名，以及 ISO 编程。双处理器版本，提供其他的按键用于 Windows 操作。

（2）文件管理器、计算器、MOD 功能和 HELP（帮助）功能。

（3）编程模式。

（4）机床操作模式。

（5）编程对话的初始化。

（6）方向键和 GOTO 跳转命令。

（7）数字输入和轴选择。

（8）鼠标触摸板：仅适用于双处理器版本。

二、显示面板

HEIDENHAIN iTNC530 数控系统显示面板如图 4—22 所示。

（1）软键区。

（2）软键选择键。

（3）软键行切换键。

（4）设置屏幕布局。

（5）加工和编程模式切换键。

（6）预留给机床制造商的软键选择键。

（7）预留给机床制造商的软键行切换键。

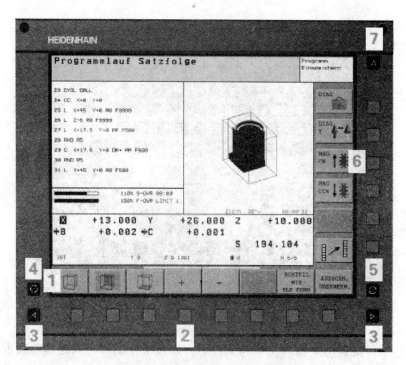

图4—22　数控系统显示面板

三、按键介绍

1. 编程模式显示按键（见图4—23）

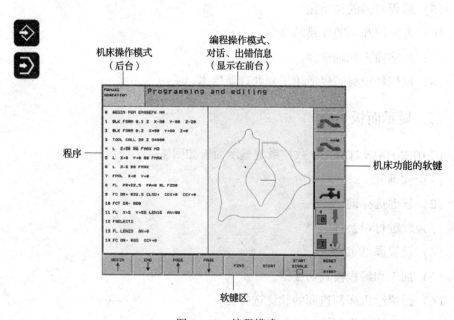

图4—23　编程模式

2. 机床操作模式显示（见图 4—24）

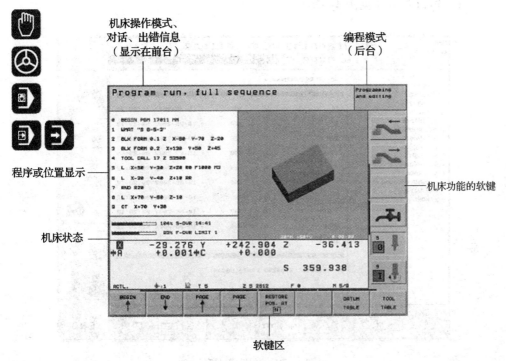

图 4—24　机床操作模式显示

3. 操作模式（见图 4—25）

键	操作模式	功能
	程序编辑	■ 编写及修改程序（RS-232-C/ V.24 数据接口）
	试运行	■ 静态测试 / 有图形模拟或无图形模拟 ■ 几何尺寸是否相符 ■ 数据是否缺失
	手动	■ 移动机床轴 ■ 显示坐标轴值 ■ 设置原点
	手轮	■ 用电子手轮移动 ■ 设置原点
	手动数据输入定位（MDI）	■ 输入定位步骤或输入可以立即执行的循环 ■ 将输入的程序段保存为程序
	程序运行 – 单程序段	■ 分段运行程序，用 Start（开始）按钮分别启动各段···开始
	程序运行 – 全自动	■ 按 START EXT（机床启动按钮）后连续运行程序

图 4—25　操作模式

4．文件管理

（1）窗口介绍（见图4—26）

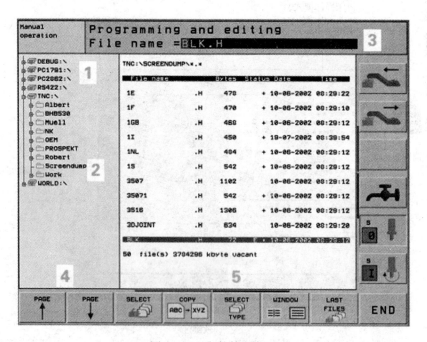

图4—26　文件管理窗口

1）驱动器1：以太网、RS－232接口、RS－422接口、TNC的硬盘。

2）目录2：TNC显示全部目录、隐藏子目录。

3）当前路径或文件名3

①文件名：保存在当前目录下的文件及文件类型。

②字节：以字节为单位的文件大小。

③M："程序运行"模式下所选择的文件。

④S："测试运行"模式下所选择的文件。

⑤E："程序编辑"模式下所选择的文件。

⑥P：文件被写保护，禁止被编辑或删除。

⑦日期：文件最后修改日期。

⑧时间：文件最后修改时间。

4）目录窗口4：当前驱动器上的目录；当前目录：打开的文件夹。

5）文件窗口5：当前目录下所保存的文件，被选的文件高亮显示。

（2）文件管理

显示、创建不同类型的文件，如图4—27、图4—28、图4—29所示。

文件	功能	类型
程序	▩ HEIDENHAIN 对话格式	▩ .H
	▩ ISO 程序	▩ .I
表	▩ 刀具	▩ .T
	▩ 托盘	▩ .P
	▩ 原点	▩ .D
	▩ 加工点（也称为数字化区）	▩ .PNT
文本	▩ ASCII 文件	▩ .A

图 4—27　文件/类型的差别显示

选择"程序编辑"操作模式。

程序编辑

PGM MGT 调用文件目录。

列出文件类型。

显示全部文件或

例如：列出全部 HEIDENHAIN 对话格式程序。

图 4—28　选择显示文件的类型

选择"程序编辑"操作模式。

PGM MGT 按 PGM MGT 键调用文件管理器。

选择用于保存新程序的目录

文件名 = alt.h

ENT 输入新程序名并用 ENT 键确认。

MM 按 MM 或 INCH 软键选择测量单位。TNC 切换屏幕布局并显示初始化定义 **BLK FORM（毛坯形状）**的对话。

图 4—29　创建新零件程序

5. 工件毛坯定义

图形模拟（测试运行、程序运行、单段运行）或 FK 编程时必须定义毛坯形状，如图 4—30 所示。

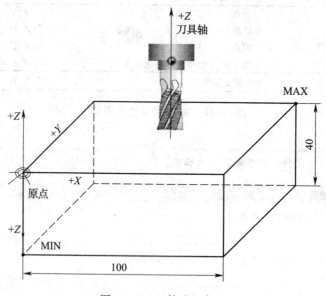

图 4—30　工件毛坯定义

6. 刀具设置（见图 4—31）

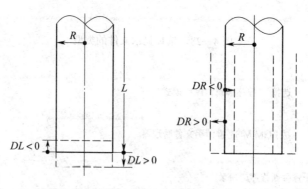

图 4—31　刀具设置

（1）刀具数据：每把刀都有唯一的编号，编号范围是 0 至 254。

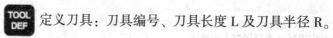定义刀具：刀具编号、刀具长度 L 及刀具半径 R。

例：TOOL DEF 1 L+7.5 R+4

在 TOOL DEF（刀具定义）程序段（局部）或刀具表中直接输入。

（2） TOOL CALL 刀具调用：刀具编号，主轴的坐标轴平行于 *X*、*Y*、*Z* 及主轴转速 *S*。

刀具半径 DR 的差值正值：正差值。

刀具长度 DL 的差值负值：负差值。

例：TOOL CALL 1 Z S3000 DL + 1 DR + 0.5

由 M 功能确定旋转方向；

半径 DR 和长度 DL 差值的最大值为：±99.999 mm。

（3）编辑刀具表，如图 4—32 所示。

图 4—32　刀具表

编辑任一刀具表（不含 TOOL. T），如图 4—33 所示。

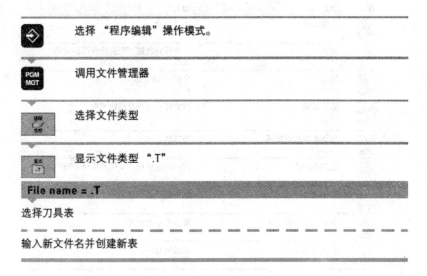

图 4—33　编辑任一刀具表

退出刀具表，如图 4—34 所示。

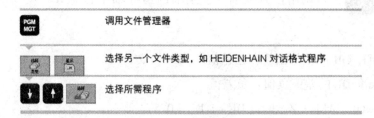

图 4—34　退出刀具表

7. 对话帮助功能

（1）常用按键的功能如图 4—35 所示。

键	含义	功能
ENT	输入 ➡ 按"是"	■ 确认输入值并保存 ■ 显示下一信息
NO ENT	不输入 ➡ 按"否"	■ 不确认输入值 ■ 显示下一信息
CE	清除 ➡ 确认信息	■ 删除输入值："0"
END	程序段结束 ➡ 结束程序段	■ 加载全部程序段 ■ 结束输入 ■ 取消功能
DEL	删除程序段 ➡ 取消操作	■ 删除程序行

图 4—35　对话帮助功能键常用按键的功能

（2）路径功能按键如图 4—36 所示。

键	功能	输入
L	直线运动	终点坐标
CHF	倒角	无坐标轴数据、无进给速率的倒角长度
CC	圆心 +	坐标（加工面） +
C	圆弧运动	圆的终点坐标及旋转方向
CT	相切连接圆弧路径	圆弧终点坐标
CR	已知半径圆	圆的终点坐标、半径及旋转方向
RND	倒圆角	圆半径及进给速率
APPR DEP	轮廓接近和轮廓离开	取决于所选功能
FK	自由轮廓编程	已知信息

图 4—36　路径功能按键

注意事项

1. 出现质量问题时，最好保护好现场，多问操作者，有利于分析原因。
2. 反复检查工件原点及刀长数据。
3. 编程人员最好了解设备的操作。
4. 五轴联动加工时，工件原点不得随意改变。
5. 程序使用前要进行空运行或仿真验证。

第 2 节　教学、培训文件制定

 学习目标

1. 能够正确运用教学语言及选用适当的教学方法。
2. 能够正确地编写培训文件。
3. 能够进行操作培训指导。

 知识要求

一、教学语言的运用

1. 教学语言的重要性

教学语言是教学时使用的语言，是教师完成教学任务的主要手段。尽管各种现代教学技术使用得越来越多，但教学语言的功能和作用是任何传播手段也取代不了的。教师良好的教学语言修养与表达技巧，常常使教学艺术锦上添花。相反，教师教学语言表达不清，往往导致教学的失败，直接影响教学的效果。因此，掌握良好的教学语言表达艺术应该成为教师的追求。

（1）教学语言表达影响教学效果

在教学中，大部分信息都是通过教学语言传递的，教师的教学素质和能力也通过语言方式表现出来，可以这样说，教学语言表达是教师全部教学素养的综合体现，它影响和制约着教师教学的效果。一般而言，教学语言的清晰度和严密度对教学效果影响较大，教师的讲解水平与学生的学习成绩成正相关。教学语言清晰度指的是语言表达得是否清晰流畅。教学语言的严密度是教师语言表达的内在逻辑性，严谨、周密、有条理的表达能够增强教学语言的说服力和论证性。

（2）教学语言表达影响学生能力的发展

教学语言艺术水平的高低，不仅影响教学效果，而且影响学生的思维能力、语言能力和审美能力的发展。由于语言与思维发展有密切关系，教师的语言艺术水平反映其思维能力的高低。在教学过程中，学生通过教学语言，能探知教师的思维进程，学习思考问题的方法，体验到思维过程的快乐。一般而言，不同特点的语言对学生思维方面的影响是不同的。如概括性语言影响学生的抽象思维，生动形象的语言影响学生的形象思维，而教师的语言机智会影响学生思维的敏捷性和灵活性。在课堂教学中，教学语言已经超出了原有的工具性范畴，具有一定的示范作用。它长期地、潜移默化地影响学生的语言能力和习惯。同时，教学语言艺术本身也会成为学生审美的对象，使学生从中获得审美感受，激发审美情趣，从而提高学生的审美能力。

（3）教学语言表达促进教师自身思维品质的发展

语言信息是思维的原料，思维过程本身又是信息加工过程。语言信息越丰富，思维加工越有效。在教学中，教师对教学语言艺术的追求，促使其不断增加自身信息的储备，自觉训练语言组织能力，增强思维的敏捷性和准确性。久而久之，在教师语言能力提高的同时，也促进了其思维品质的提高。

2. 培训课堂教学语言特点与组织技巧

教学是一种艺术，而且是综合艺术，它包括教学语言运用，教师的肢体动作和面部表情变化，最主要是语言运用技巧。教学语言是指教师在从事教育教学活动的过程中所使用的专业口头用语。它是教师进行教育教学的最基本、最重要的手段，是教师的劳动工具。教师职业语言不同于一般的口语，属于专业行业用语。和司法口语、外交口语、科技口语等专业用语一样都受特定的交际内容、交际范围、交际对象、交际目的所制约。语言是完成教学任务的主要手段。教师的语言表达能力是其职业的特殊要求，是一种非常重要的基本功和教育素养。其功力和素养如何，直接影响着教学效果。研究课堂教学语言的艺术，提高教师的说话本领，对于保证教学质量具有非常重要的意义。

（1）教学语言的特点

1）规范性。规范性包括语音、词汇、语法的规范，做到发音清晰，吐字准确，不使用方言词汇和语法。说话忌重复啰唆，生拼硬凑，前后矛盾，不合语体。

2）针对性。针对性是指根据不同的教育对象运用不同的语言，即因材施教的意思。

3）启发性。启发性是指教师的语言能诱发学生思考并让他有所领悟，叶圣陶说："教师之为教，不在全盘授予，而在相机诱导，必令学生运其才智，勤其练习，领悟之源广开，纯熟之功弥深，乃为善教也"。

4）逻辑性。逻辑性是指符合客观规律，遵循事物发展的逻辑顺序，准确地运用概念，恰当地作出判断，严密地进行论证，做到思路清晰，条理分明，前后一贯。任何违反事理、概念含糊、思维混乱、前后矛盾的表达都会严重影响教学效果。

5）情感性。没有情感的语言是苍白无力的，更谈不上感染学生。不善于运用语言表达感情的人永远不能成为一名出色的教师，哪怕他知识非常渊博。罗曼·罗兰说："要撒播阳光到别人心里，总得自己心中有阳光。"教师在运用语言教育学生、沟通师生关系时，一定要体现出丰富的情感色彩，以表达教师对学生深厚的爱。

6）激励性。激励性是指教师通过肯定、赞许、表扬及鼓动等方式激发、鼓励学生不断进取。教师要善于观察每一个学生的优点和长处，善于发现每一个进步，捕捉他们每一个创造的火花，每一次灵感的闪现，并用热情洋溢的语言予以肯定和赞扬，激励他们不断进取，获得成功。

7）形象性。俄国教育家乌申斯基说："儿童是用形象、声音、色彩和感觉思维的。"法国教育家卢梭也说："在达到理智的年龄以前，孩子不能接受观念，而只能接受形象。"即使达到了理智的年龄，对于观念的接受也往往需要借助于形象。因而教师必须善于运用语言创造直观形象，来帮助学生理解掌握各种抽象事物、词语、概念及定律等。

8）趣味性。孔子说："知之者，不如好之者，好之者，不如乐之者。"捷克教育家夸美纽斯说："兴趣是创造一个欢乐和光明的教学环境的主要途径之一。"教师语言的趣味性就是把学生的潜在的学习积极性调动出来，使他们在愉快的气氛中自觉、主动地接受知识。

(2) 课堂教学语言类型

教师的课堂教学语言大致可包括导语、评点语、过渡语、设问语、指令语、指示语、引语和结语等。

1）导语。一般用于授课伊始，是教学过程的第一个自然段，它有提挈全课教学的作用。或导入情境、设置氛围；或开门见山，提出本课学习重点；或择其精彩之点设计悬念。导语可以是叙述式、议论式，也可以是描写式、抒情式。

2）评点语。评点语是发挥教师主导作用的手段之一，学生在回答教师的提问后，教师必须做出评价。对课题中的精彩之笔要进行渲染点化；在解决模块中某个重点、难点时要进行导向点拨，这时需要使用评点语。教师在备课时必须认真钻研教材，根据学生的实际知识水平确定哪些地方需要评述，哪些地方需要点拨，不断丰富评点语言，准确使用评点语言，努力提高评点水平。

3）过渡语。过渡语用于教学环节之间的联络，使学生能顺畅地由前一个教学环节过渡到后一个教学环节。用得好可以发挥起承转合、顺理和严谨教学结构的作用。反之，需要过渡而没有使用过渡语，或过渡得不好，就会使教学脱节，互不连贯，影响学生对教学内容的整体接受。当然，有些教学环节之间的内在联系十分明显，也可以不用过渡语，用了反成一种累赘。

4）设问语。设问语用于设疑问难，是联系教与学双边关系的纽带。设问语就其形式讲可分为单一问和连环问。就其使用的目的讲可以帮助学生疏通课文；可以引发学生联想、想象；可以启发学生解释、说明；可以唤起学生比较、判断；可以引导学生归纳、总结。它在教学过程中起着承上启下、充实教学内容的作用，不可忽视。但也不可把时间过多地花在一问一答上，要精心设计，注意课堂提问的思考价值。要注意矛盾的情景、思维流程，为学生提供想象的机会。

5）指令语。指令语用于教者在教学过程中向学生提出听、说、读、写具体要求的语句。使用的指令语通常要求做到指令对象落实；指令要求明确；指令动作可行，学生能根据教者提出的要求闻风而动，节省时间、提高效率。

6）指示语。指示语是教者说句子的前半部分，提示或暗示学生回答后半部分。这种教学语言只有当教者铺设、开掘一定的深度，学生基本领悟了，达到了水到渠成的地步时才能使用。使用指示语可以活跃课堂气氛，加强师生间的默契，融合师生之间的情感。

7）引语。教者为了完成某个知识点的教学任务，往往需要引经据典，插入一些诗歌、故事、名人名言或以前学过的课题中的某些词句来帮助解释、说明、拓宽、延伸。恰到好处地使用引语可以使学生触类旁通、温故知新、丰富学生的知识面。

8）结语。结语是课堂教学中的结束语，是教学过程的结尾段。结语可以归纳全课的教学要点；可以设置悬念为下一课铺垫；可以布置作业延伸课外。结语设计得好可以升华教学，整理思维，起到画龙点睛的效果。

课堂教学语言不止上述这些，但不管使用哪种教学语言都应力求做到生动、活泼、简明、准确，富有教育性、启发性和感染力。

（3）课堂语言的基本要求

1）条理清楚。条理清楚是授课语言的整体组织要求。东拉西扯、杂乱无章、颠三倒四、语无伦次的讲授，要想学生获得清晰的印象是不可能的。每一次讲授都有许许多多的话交织在一起，要把它讲得有条理性和逻辑性，才会使学生获得系统而清晰的概念，而不至于茫无头绪，不得要领。因此，应根据讲授的目的和要求，有条理有层次地讲述、分析；应根据内容的内在联系和逻辑关系，妥善解决讲授的主次、先后等问题。

2）简练准确。简练准确是讲授语言的单一结构要求。简明扼要的语句使人听起来舒服、易记。古人说："约而达"，即言简意赅，使人深得要领。一个意思若用一句话就可表达清楚，就不宜分作几句话来讲。那种重复啰唆、拖泥带水的讲话，不但浪费时间，而且使学生听起来厌烦。要做到文法正确，符合语法规则，不说半截子话；用词恰如其分，不用模棱两可、含糊不清的词句；避免一切无意义的口头语，克服"语病"；还要讲好普通话，因为发音不正、表达不规范也会影响讲授效果。

3）富于启迪。富于启迪是讲授语言结构的最高要求。因为讲授中，教师不但要善于把现成的知识传授给学生，更重要的是要善于发展学生的智力。像"苏格拉底法"那样，主张教师不直接向学生传授知识，而是巧妙地运用具有启发性的问题，从学生那里引出知识。诚然，苏格拉底认为教师的作用是帮助学生去认识已经存在于他们心中的东西，认为知识是先天的，这是错误的，但他注意讲授的启发性、重视发展学生的智力是可以借鉴的。

4）浅白通俗。语言作为一种交流工具，它的表达方式可谓五花八门，千姿百态。浅白通俗的语言，使人听起来清楚易懂，且有平易、朴素、亲切之感。浅白通俗并不是一件轻而易举的事情。一要深入理解讲授内容，因为深入才能浅出，许多东西，只有懂透了，融会贯通了，才能用浅显平白的话说出来；二要有丰富的词汇量，要把复杂、深奥的内容，用一种浅白通俗的语言形式全面而准确地表达出来，没有一定的词汇量是达不到的。有人深入理解了，却词不达意，究其原因，词汇匮乏是一个明显的障碍。

5）形象生动。形象生动的语言给人一种直观感和动感，使人兴趣盎然，并能在记忆中留下深刻的印象。怎样才能使语言形象生动呢？一要运用例证，运用典型材料来说明抽象的理论，把抽象的东西与具体的东西联系起来，可使讲授语言生动化、具体化。如物理课讲惯性定律，用乘车时身体前倾后仰为例来说明，语言就生动有力。二要运用比喻，用比喻可以使语言形象生动，引起学生联想。

6）清晰悦耳。讲话是有声的语言，是用声音表达或传送意思的。学生听得是否清楚、明白、生动、有趣，常常与声音的高低、快慢的控制以及清晰度、语调等因素有一定的关系。从音色、音量、声调看，要清晰悦耳。声音清楚、明晰、听得舒服，学生才能较好地接受讲授内容。吐字不清，措辞含混，使人糊里糊涂；声调尖高，音量过大，使人听起来刺耳；语调低沉，音量太小，使人听起来费力。还有语气的使用，影响着意思的表达、感情的色彩、讲课的生动性以及感染力。教师讲课中，要注意区分叙述、疑问、祈使、感叹等几种语气，不要总是使用感叹语气或叙述语气。要随着讲课感情的变化，使用各种语气。有的教师不注意语气的使用，总是使用一种语气，结果把课讲得平铺直叙，很不生动，课堂效果很差。

7）流利畅达。从进程、速度看，首先要流利畅达。讲话如行云流水，使人有轻快之感；有的人讲话慢吞吞，一句话分成几节讲，而且每句话之间的间隔长，使听者很不耐烦；有的人讲话结结巴巴，语多累赘，使人听而生厌。但流利畅达不等于越快越好，如果讲话如黄河决堤，滔滔不绝，就会使学生应接不暇。其次是节奏和重音的处理，节奏的使用，一般体现在讲课的快慢和强弱上面，使课讲得有张有弛、有板有眼。要使课讲得富有节奏感，必须在教学内容上区分主次，突出重点，不能面面俱到。重点和难点要重锤敲打，加深印象；枝节问题要轻拍叩击，点到即止。讲授速度上要定好拍节，快慢速度要与教学对象的承受能力相适应。节奏过快或过慢都欠妥，要以学生即不感到精神过度紧张，又不至于精力分散为准。在讲课的语调上要轻重结合，高低错落有致，一堂课要有高潮、有低潮，不能总是一个调子，要有抑扬顿挫。只有这样，才能像大海那样起伏跌宕，富于变化。在节奏和重音的处理上，教师要防止两种倾向：一种是毫无节奏，平铺直叙，一堂课一个腔调，没有起伏，像老和尚念经，让人听而生厌；另一种是节奏不当，该停不停，主次不分，让人听了难受。

8）抑扬顿挫。从声音、声调、速度三者的变化看，要抑扬顿挫。平铺直叙、呆板单调的讲话，使听者昏昏欲睡。所以，要根据教材的内容和听者的情况，适当地控制语音的大小、调子和速度。例如，表示激昂慷慨和兴奋愉快时，可以把声音放大一点、高一点；表示庄严肃穆和疑惧感叹，声音可放小一点、低一点；表示宁静，要慢；表示紧张，要快；遇到重要的地方，关键词句，应有重音，加重语气，引起注意；次要的地方，则可以讲快一点。总之，声音的变化，要随讲授内容和听者情况的变化而善于变化，若从头到尾高低、快慢、语气都一个样，就显得单调平板。但抑扬顿挫不等于矫揉造作，不要像演说家或演员一样对学生演讲，让学生看到表演的痕迹。在课堂上给学生讲课，与街头演说家对群众演说或舞台上演员们的表演相比，毕竟是有区别的。

9）停顿。停顿是保证说话清楚，加深印象的一个重要方法，也给了学生领会和思考问题的时间。正确的停顿时机应该是说完一句话之后，在由一个意思转到另一个意思之间或在需要强调的话说出来之前。说完一句话之前的停顿时间可以短些，一个新的意思或需要强调的话说出之后的停顿，时间应该长些。停顿时间掌握要适当，不宜太长，也不宜太短。在停顿上，教师易犯两种毛病：一种是不停顿，讲课像打机关枪一样，话说得上气不接下气，让学生听得透不过气来，使学生既不能完全领会意思，又容易疲劳；另一种是乱停顿，讲课时把一句话弄得支离破碎，或者把一句话说成三字经，这样也会使学生听起来很费劲。

二、培训的教学原则

教学原则是根据教育教学目的、反映教学规律而制定的指导教学工作的基本要求。它既指教师的教，也指学生的学，应贯彻于教学过程的各个方面和始终。它反映了人们对教学活动本质性特点和内在规律性的认识，是指导教学工作有效进行的指导性原理和行为准则。教学原则在教学活动中的正确和灵活运用，对提高教学质量和教学效率发挥着一种重要的保障性作用。在实际教育培训当中主要遵循以下的教学原则。

1. 理论联系实际原则

理论联系实际原则是指教学必须坚持理论与实际的结合与统一，用理论分析实际，用实际验证理论，使学生从理论和实际的结合中理解和掌握知识，培养学生运用知识、解决实际问题的能力。理论联系实际的原则要求教师在传授技术技能相关理论知识时要和客观实际结合起来，要加强操作技能的训练，引导学员运用所掌握的知识去解决各种实际问题，培养学员分析问题和解决问题的能力。

贯彻这一原则，应遵循以下几点要求。

（1）讲解概念和原理时，应注意联系学员已有的感性知识、生活经验和生产实际，多利用比喻型的实例，既可活跃课堂气氛，又可引起学员兴趣，加深对内容的理解和记忆。

（2）充分重视仿真、实操的教学。有些内容如对刀、程序的输入等单靠课堂教学是很难讲透彻的，因此要在实操课中演示。

（3）适当组织学员到工厂进行必要的参观，增加学员的感性知识，扩大视野。

2. 直观性原则

直观性原则是指在教学中要通过学生观察所学事物或教师语言的形象描述，引导学生形成所学对象、过程的清晰表象，丰富他们的感性知识，从而使他们能够正确理解知识和发展认知能力。由于理论教学比较抽象，贯彻直观性教学原则就显得非常重要。加强直观教学通常应注意以下问题。

（1）难以理解的知识应配有相应的教具模型或实物，在教学中展示。

（2）讲授机床的工作原理尽量配以演示仪、挂图、幻灯、仿真等直观教学手段。

（3）应结合实际情况，适当地组织现场参观，观察实际机构。

（4）尽量创造条件发展多媒体教学，采用投影仪、录像等手段。

3. 启发性原则

启发性原则是指在教学过程中，教师要承认学生是学习的主体，注意调动他们的学习主动性，引导他们独立思考、积极探索、生动活泼地学习，自觉地掌握科学知识和提高分析问题和解决问题的能力。在教学过程中，通常采用以下方式体现启发性。

（1）讨论式

即教师布置题目，由学员进行有准备的讨论，教师加以引导。这种方式以学员的主动性、独立性为突出特点。学员通过独立思考，独立分析和处理问题，能较好地达到掌握和理解所学知识的目的。在讨论中，学员通过正误两方面的经验受到深刻的启发，因而掌握知识的程度比较牢固。

（2）回答式

对于关键性的内容，教师先提出问题，引起学员的求知欲，启发其积极思考，然后由学员回答。这种方式在课堂教学中经常采用，能使课堂气氛比较活跃。

（3）讲授式

教师通过简练、生动的语言及自问自答对所讲内容进行富有哲理、逻辑性很强、层层深入的讲解，引导学员连续思维。虽然表面上课堂气氛平淡，但同样具有很好的启发性。

4. 循序渐进原则

循序渐进原则是指教学内容、教学方法的顺序安排，要由易到难、由简到繁、由浅入深，逐步深化提高，使学生系统地掌握基础知识、技术技能的原则。

教师在备课的过程中，设计每一个模块时，都要系统地考虑整个的培训计划，安排的课题要按照由易到难、由简到繁、由浅入深的顺序来准备每一个课时。这样学员学起来才不会吃力。

三、操作技能培训的教学方法

1．讲解法

讲解法是教师根据教学课题的要求，运用准确而系统的语言向学员讲解教材，叙述事实，描绘所讲课题，说明意义、任务和内容，并说明完成此项课题的次序、组织和操作要领等。

在讲解中，语言应有逻辑性、针对性和指示性。

训练课经常运用讲解法进行教学，专业理论知识的系统性和工艺过程的连贯性为其本身所固有的内在科学性所联系，其本身就有严密的逻辑性。因此它不允许在讲解中丢掉任何一个必要的内容。在训练课中，讲解语言的针对性主要表现在用讲指导练，讲中练，练中讲，边讲边练，边练边讲，讲练结合，可以是教师边示范操作边讲；可以是工人师傅操作，教师讲解；也可以是工人师傅边操作边讲解。这样形象地指导学员如何操作。这种讲解和操作的结合，正体现了讲解法语言的针对性。指示性主要表现在教师指导学员必须注意哪些问题，必须避免哪些可能出现的错误。否则，会影响质量，影响操作技能技巧的形成，甚至还会造成生产事故或伤亡事故。因此，学员对教师指示性的语言，一定要像军人对"军令"一样照办。

2．示范操作法

示范操作法是直观性教学形式，是操作训练的极为重要的教学方法。在操作训练课中，教师只讲而不示范操作，学员是很难掌握生产技术操作技能的。示范操作可以使学员直观、具体、形象、生动地进行学习。这样不仅易于学员理解和接受，同时，在训练中，可以清晰地把观察过的示范操作形象在头脑中重现，然后模仿练习。因此，示范操作法成为操作训练教学中十分重要的方法，按其内容可分为操作的演示、仿真软件的演示等。

（1）操作的演示

操作的演示也叫作示范操作，可以由教师演示，也可以由工人师傅操作演示，不论谁作演示，动作一定要准确无误。演示过程中应注意以下几个问题。

1）慢速演示。有些内容若用正常速度演示，不易看清楚，可采用慢速反复演示的方法，利于学员掌握。

2）分解演示。就是把完整的操作过程，划分为几个简单的动作进行分解演示。

3）重点演示。对关键部分要重点演示、反复演示，以加深学员的理解和记忆。

4）演示伴讲解。在演示时，要讲清动作的特点和关键，还要向学员讲解在操作过程中如何防止出现质量问题和事故。教师在演示讲解时，要千万注意讲、做一致，在整个演示讲解过程中，对操作姿势、操作方法、工件装卡、刀具安装、切削速度、质量要求及工量卡具的放置，都要非常严格。

5）完整演示。讲解之后教师要完整地演示一遍。从开始到结束，都要以正常的速度，把操作动作进行有机地衔接，形成一个完整的操作过程进行演示，以便使学员对操作演示的工件有一个完整的概念。

（2）仿真软件的演示

在操作训练课中仿真演示非常重要，尤其对初学者，克服心理障碍，要充分发挥它的作用；弥补操作演示的不足，便于教师讲解。教师必须说明在演示过程中要求学员观察什么，掌握什么。通过演示给学员以鲜明具体、形象逼真的印象，从而更好地掌握知识和技能。但是在仿真演示的过程中，要注意提醒学员，仿真与实操的差别。

3. 指导操作练习法

指导操作练习法是教师在操作训练教学中，指导学员应用专业理论知识进行反复多样的实际操作的方法，是使学员感觉技能、心智技能、动作技能和技巧形成的基本方法，是培养学员具有独立操作能力的极其主要、必不可少的手段。指导操作练习法主要分以下三个阶段。

（1）基本操作练习

基本操作练习是指根据教学目标，进行操作基本功练习，是把完整连续的操作过程分解为许多个单一的最简单的操作，进行反复、多次、自觉的练习。练习具有反复性，使知识转化为技能技巧，达到动作自如的程度。在这个阶段，教师务必使学员的每个动作姿势做得准确协调，绝不能把不规范的动作、不良的素养让学员做下去而形成习惯。

（2）综合操作练习

综合操作练习是指根据教学要求，促使学员在实操中运用已掌握的技能，进行综合运用，以进一步巩固和提高所学的技能，使技能和技巧逐步达到熟练程度，同时完成一定的生产任务。如果练习具有多样性，有利于掌握高级的技能技巧。

（3）独立操作练习

独立操作练习是指学员运用已掌握的知识、生产技能和技巧，按企业生产的要求，独立地完成所规定的生产任务。练习具有创造性，可以促进学员迅速掌握技术，并做到熟能生巧。教师指导学员创造性地进行操作练习，是灵活掌握和运用专业知识的好方法，也是培养学员适应性的重要途径。

4. 讨论法

讨论法也叫作谈话法，是在学员已有知识和经验的基础上，在教师指导下，有计划、有目的、有准备地组织学员讨论教学内容、学习体会、对事故进行分析等。目的是引起学员的学习兴趣和注意力，加深对知识、技能的了解和认识，培养学员智力的发展，这是操作训练中经常采用的方法。如组织学员对工艺过程进行分析，对先进操作方法的讨论，对典型废品和机床事故的分析，以及解决教学内容中的疑难问题等，都可以采用讨论法进行。采用讨论法以前，学员必须具备与讨论的内容有关的知识和技术水平，否则，收效不大。讨论法一般在以下几种情况运用。

（1）在操作训练结束时，在教师指导下，组织学员自己总结、分析、讨论、评定操作情况。

（2）在操作训练过程中，选择典型工件或生产过程中出现的典型事故、典型事例，组织学员结合自己的认识、体会和操作的疑难问题，进行现场讨论。

（3）收集本专业的典型案例，讨论前先发给学员，使每个学员都要做好充分的准备，然后参加讨论，进行分析研究，从中汲取经验和教训，取长补短，提高学员的分析能力和技能水平。

5. 参观法

参观法是根据教学目的，组织学员对实际事物进行观察、研究，从而获得新知识或巩固验证已学知识、技能的教学方法。这种方法是在教师的指导下，在企业中直观地学习工艺过程、操作方法、劳动组织等知识，有效地使教学和实际生产紧密地联系在一起。采用参观法能及时了解新工艺、新设备、新材料和新技术的发展情况，扩大视野，提高专业技能。

四、职业培训教案的编写

1. 教案的概念

教案是教师经过备课，以课时为单位设计的具体教学方案。教案编写过程是课时教学设计的过程，它是教学最基本、最重要的组成部分。编写教案是教师教学设计的最后一个步骤，也是教学设计经过理性思维加工输出的过程。在教学目标设计、教学策略设计和教学评价设计的基础之上，安排好教学环节与步骤，就可以编写教案了。培训教师在教学设计过程中，应围绕课时教学的目的和要求，结合学生情况、具体训练内容，对教学组织过程进行设计，如入门指导时如何复习旧课，怎样提问，如何导入新课，采用哪些教学方法，使用哪些教具和设备，怎样进行操作的示范演示，巡回指导和结束指导的重点是什么，需要准备哪些工（卡、量）具，时间如何分配，以及布置什么作业等，都应周密细致地考虑并做出妥善的安排，把实习课设计得井井有条、周密合理。

2．教案的分类

教案按形式可以分为条目式教案和表格式教案；按篇幅可以分为详细教案和简要教案。教案的基本结构是指教案必需的条目、内容及其相互关系。表格式教案是在项目式教案的基础上，把必需的项目、教学过程的环节以及教与学的相互关系，设计为具有相对固定格式的表格。这种教案首先是学情分析，包括学校、任课教师、科目、班级、学生人数、教学时间、日期、课题内容和课本等，然后由学生已有知识、教学目标和教学程序等组成。

3．培训教案的内容

培训教案的内容一般包括课题名称、总课题、分课题授课的主要内容、应知应会内容、设备材料准备及示范内容。此外，还有实习课时和课题实习小结。实习小结要求教师在课题实习结束时将各方面的执行情况写出小结。授课内容是将教学的全过程通过各教学环节，一步一步写出来，包括目的要求、重点难点、示范演示、提问等。教案的编写虽然因教师、学生、教学内容、教学环境的不同而有所差异，其基本内容如下。

（1）课题：说明实习课题名称。

（2）课型：说明该课是理论课、实习（操）课、一体化课、复习课、测验（考试）课等。

（3）教学时间：说明该课题需要几课时完成，或本课属于第几课时。

（4）教学目标：要完成的教学任务。

（5）教学重点：必须解决的关键问题。

（6）教学难点：学习过程中易产生的困难和障碍。

（7）教学方法：教学过程中教与学的方法。

（8）教学内容：根据实际教学内容书写。

（9）教学小结：对各方面的执行情况进行小结。

（10）布置作业：布置处理书面或口头作业。

（11）教学设计评价：施教后完成。

4. 教案编写注意事项

在教案的编写中要避免出现以下问题。

（1）照抄教学参考书

这种所谓的教案也叫作"搬家教案"，教师为图省事原封不动地将教学参考资料作为自己教学的"拐杖"。

（2）知识点罗列

这种教案只备知识，不备教法，更不备学生的学法，将教材知识范围加以细化，复杂地写在备课本上，以图在课堂上一股脑儿地灌输给学生。

（3）应付检查

这种教案不是按照教学进度要求提前 1～2 周编写，而是为了应付上级检查，突击编写而成，有的甚至成了"教案回忆录"。因为不是为自己教学所用，所以缺乏真实性、科学性及实效性，表面上很工整规范，但实际上没有起到应有的指导作用。

（4）缺乏新意

这种教案沿袭传统教学方法的"七大教学环节"，没有个性、没有突破，深受传统教学观念的束缚，难以体现技能培训教学的新理念。

（5）不讲效率

这种教案花了很多时间和精力，面面俱到，编写教案的时间往往是上课时间的两倍多，而上课并不都是"照案宣科"。

 技能要求

一、数控程序员培训计划的制订

由于科学技术的发展特别是计算机技术的普及，数控加工技术已成为现代制造技术的核心。近年来，我国制造业取得了很大的发展，数控机床等加工设备在我国机械制造企业中得到越来越广泛的运用。然而，与迅速增加的数控制造设备相比，我国从事数控加工的技能人才显得十分缺乏，据有关部门的统计，其缺口达到近百万人，其中也包括主要从事数控程序编制的数控程序员。

数控程序员是指根据零件图样的要求，以手工或使用计算机辅助制造（CAM）软件进行数控加工程序编制的人员。他们既是一线技术工人，又懂计算机编程，精通一到两门外语的阅读。

数控程序员工作的主要内容如下。

（1）按工序及加工要求选用合适的工、夹、量、刀具和加工设备，手工编制、编辑两轴及两轴半数控加工程序。

（2）进行三维造型以及多轴、多机种数控加工的程序编制。

（3）对零件的数控加工质量进行分析与控制等。

对数控程序员需求最大的主要是两类企业：大型制造企业和零件加工难度高的企业。大型制造企业内部的分工明确，要求数控加工技术人员有专业的技能，数控编程成为其中一个独立的岗位；零件加工难度高的企业由于数控程序编制的难度大，必须有专门的编程人员才能完成相应的工作。有数据表明，目前我国机械制造企业，数控机床利用率偏低，20%是由于编程能力不足。我国虽有很多工科院校开设了数控专业，但该专业的毕业生并不是一进企业就能胜任数控加工的编程工作，因为他们缺乏实际的机械加工经验。很多企业还要通过对有多年数控机床操作经验的人员进行专业培训来满足对数控编程人员的需要。2007年，将数控程序员确立为新职业，有助于引导职业院校和各类培训机构开展相应的培训，促进数控编程人才的成长。

随着我国制造业的进一步发展，数控加工技术将更广泛地应用于生产领域，在技术要求、加工质量和加工效率不断要求提高的形势下，企业将需要更多的数控程序员，数控程序员的职业前景将更加广阔。

二、数控程序员培训计划书实例

数控程序员（二级）培训计划

一、培训说明

数控程序员培训计划根据《数控程序员（二级）职业标准》，组织有关专家开展调查研究，依托行业收集资料，在进行综合分析、反复论证的基础上编写。培训计划中主要以技能实训为主，专业知识基本上围绕掌握操作技能的需要而设置。

二、培训目标

数控程序员（二级）的培训对象是已经获得数控程序员（三级）职业资格

证书的人员。通过本级别技术技能培训，使培训对象具备根据零件图样要求，独立、熟练编制完成多轴数控加工工艺；掌握计算机辅助编程技术，具备数控车床、数控铣床、多轴加工中心、车铣复合加工中心、数控激光加工等数控机床编程的能力；能够在生产现场指导数控机床操作工按照工艺完成加工任务和数据管理任务。

三、培训内容

该职业等级培训主要设置以下模块。

模块 1　编制数控加工工艺。

模块 2　建立零件的数字几何模型。

模块 3　通过后处理，自动生成数控加工程序。

模块 4　数控加工程序管理、传送及加工现场管理。

四、模块课时分配表模

序号	模块内容	课时		
		合计	理论	实训
1	编制数控加工工艺	72	48	24
2	建立零件的数字几何模型	104	24	80
3	编制数控加工程序	112	32	80
4	数控加工程序管理、传送及加工现场管理	44	32	12
	总课时	332	136	196

五、培训方式

培训方式主要采用讲解、仿真演示与实际操作演示相结合的形式。

六、培训使用的设备、耗材

数控车床、数控铣床、四轴加工中心、五轴加工中心、车铣复合加工中心、计算机、仿真软件、三爪自定心卡盘、圆钢、车刀、铣刀、量具等。

七、推荐阅读资料

1. 李娟等编. 数控加工操作与编程技术实用教程. 湖南：湖南大学出版社，2011.

2. 杨伟群等编. VERICUT 数控加工仿真技术. 北京：清华大学出版社，2013.

3. 张喜江编. 多轴数控加工中心编程与加工技术. 北京：化学工业出版社，2014.

4. 陆启建等编. 高速切削与五轴联动加工技术. 北京：机械工业出版社，2011.

5. 詹友刚. UG NX 8.0 数控加工教程. 北京：机械工业出版社，2012.

6. 培训用各机床的编程操作手册.

三、数控程序员培训课时授课计划书实例

数控程序员培训课时授课计划书

科目	数控铣床的编程与操作	课题	模块二	轮廓类零件加工	授课对象		数控程序员培训学员		
授课时间		课时安排	4	授课教师		教学方法		一体化方式	
教学目标	知识目标	1. 掌握圆弧插补指令的编程格式 2. 顺逆圆弧的判断							
	技能目标	1. 能够熟练运用插补指令编制轮廓类零件加工程序 2. 熟悉自动加工方式操作步骤 3. 轮廓尺寸精度控制方法							
教学重点及解决措施		重点： 1. 顺逆圆弧的判别原理 2. 圆弧插补指令的格式及使用方法							
		解决措施：利用实物及图像直观方式							
教学难点及解决措施		难点：1. I、J、K 的计算方法 2. 圆弧半径 R 值正负的判定 3. G18、G19 平面圆弧插补的格式及使用方法							
		解决措施：采取分组讨论、实例讲解、重复演示的方法							
教学用具		数控铣床 10 台，计算机 50 台（安装有仿真软件）							
教学环节及时间分配		教学环节	组织教学	复习提问	导入新课	讲授新课操作演示	巡回指导	课堂小结	布置作业
		时间分配	2	5	3	60	100	5	5
作业布置		1. 简述圆弧顺逆的判别方法 2. 简述圆弧插补指令的格式及使用注意事项 3. 板书编程练习题							
课后记		通过观察学生的编程、操机练习，发现大部分学生对圆弧插补指令的两种格式能熟练掌握，部分学生有以下问题：从圆弧向直线转变时忘记写 G01；对 I、J、K 的计算及方向的判断不正确；编写大于180°圆心角圆弧程序段时 R 经常忘记加 " – " 号 在后续课程中通过仿真演示错误方式及典型实例编程进行强化							

附教学过程：

	备注
【一】组织教学（2 min） 按学号对应机位号，清点人数，检查着装。 【二】复习提问（5 min） 指令 G00、G01 的含义及格式 使用 G00、G01 的注意事项	采用提问与提示的方式。
【三】导入新课（3 min） 上节课学习了由直线连接而成的轮廓类零件的加工，本节课讲授由圆弧连接组成的轮廓类零件。	板书零件图，引入新课题。

【四】讲授新课（60 min）

模块二 轮廓类零件加工

加工如图 1 所示零件，毛坯尺寸为 $\Phi140\ mm \times 140\ mm \times 50\ mm$ 方钢，使用 $\Phi4R2$ 球头铣刀，加工深度为 1 mm。

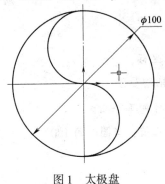

图 1 太极盘

知识链接

一、圆弧插补指令功能及格式

1. 功能

使刀具以给定的进给速度从圆弧起点沿圆弧移动至终点。

G02 顺时针圆弧插补

G03 逆时针圆弧插补

2. 圆弧顺逆的判别原理

沿着不在圆弧平面的坐标轴，由正向向负向看，顺时针方向走刀用 G02，逆时针用 G03，如图 2 所示。

备注（右栏）：
分析零件的编程指令，导入知识链接的内容。

参照直线插补对比讲解（提问）。

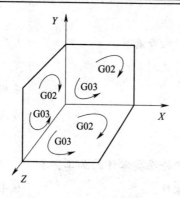

图2

3. 格式（两种）

（1）指定圆弧半径格式

G17 G02（G03）X_Y_R_F_;

G18 G02（G03）Z_X_R_F_;

G19 G02（G03）Y_Z_R_F_;

X_Y_Z_：G90 模式下为圆弧终点坐标，

G91 模式下为从起点至终点的各轴增量值

R_：圆弧半径，有正负之分，不可加工整圆

当圆弧圆心角 $\alpha \leqslant 180°$ 时，R 值为正值；当圆心角 $180° < \alpha < 360°$ 时，R 值为负值，如图3 所示。

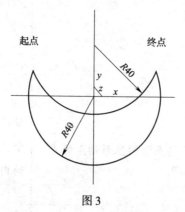

图3

当起点与终点重合时，半径相同的整圆会有无数个出现。所以不可以加工整圆，如图4 所示。

F_：F 为刀具沿圆弧切线方向的线速度，单位为 mm/min。

为锻炼学生发现问题、解决问题的能力，本部分采用启发式教学法，利用直观教具以学生的讲解为主，教师的补充为辅，对回答好的同学给予鼓励。

通过图例讲解 R 值的正负和为什么不可加工整圆。

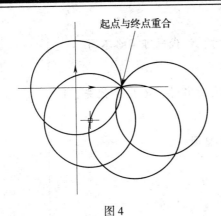

图4

（2）指定圆心格式

G17 G02（G03）X_Y_I_J_F_；

G18 G02（G03）X_Z_I_K_F_；

G19 G02（G03）Y_Z_J_K_F_；

I_J_K_：分别为 X、Y、Z 轴圆心相对于圆弧起点的增量，如图5所示。

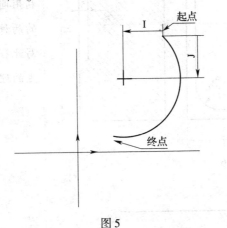

图5

由于 I、J 值确定了圆心及半径，具有唯一性，故此种格式可加工 0°～360°任意角度圆心角的圆弧。

I、J、K 计算公式

$$I = X_{圆心} - X_{起点}$$

$$J = Y_{圆心} - Y_{起点}$$

$$K = Z_{圆心} - Z_{起点}$$

由指定半径格式不可加工整圆导入第二格式。

利用此公式计算 I、J、K 值可防止正负方向的判断错误。

227

二、注意事项

（1）当 I、J、K 值为"0"时，该代码可省略不写。

（2）没有移动的轴可省略不写。

（3）当 I、J、K 与 R 同时被指定时，R 指令优先，I、J、K 无效。

（4）用 R 格式时，不能加工整圆。

（5）R 值要加小数点。

（6）圆弧变直线要写 G01。

三、编程练习

练习编制如图 6 所示工件的轮廓加工程序。

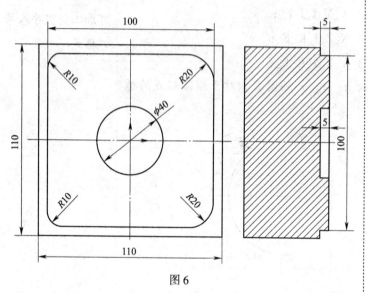

图 6

利用圆弧插补指令的两种格式分别编写此程序，加深学生的理解。

太极盘加工参考程序：

```
O0001;
G00 G90 G54 G40 Z100.;
M3 S2000;
G00 X0 Y50.;
Z2.;
G01Z-1. F100;
G02 J-50.;
G03 X0 Y0 R25.;
```

G02 X0 Y－50. R25.；

G00 Z100.；

M05；

M30；

任务实施

一、仿真演示

（1）机床的选择。

（2）设置毛坯、安装毛坯。

（3）选择刀具、对刀。

（4）编辑程序、校验程序。

（5）自动运行程序。

（6）测量尺寸。

仿真加工结果如图7所示。

注意边演示边讲解。

图7

二、学生仿真练习

利用仿真软件加工如图6所示零件轮廓。

【五】巡回指导（100 min）

实操加工如图8所示零件，毛坯尺寸为110 mm×110 mm×50 mm方钢，选用φ10 mm立铣刀。

注意观察学生掌握情况，及时纠正错误，共性问题，集中讲解。

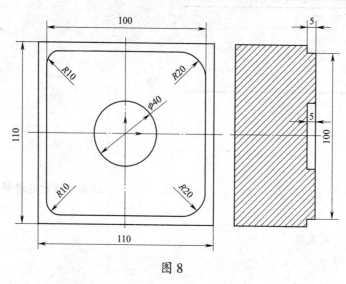

图 8

对学生进行巡回指导，对没有完全理解的学生单独讲解。

【六】课堂小结（5 min）

圆弧插补指令格式

圆弧顺逆判别原理

注意事项：根据观察学生仿真及实操练习的反馈情况进行总结。

回顾本课时所学内容并进行总结。

【七】布置作业（5 min）

1. 简述圆弧顺逆的判别方法。

2. 简述圆弧插补指令的格式及使用注意事项。

3. 板书编程练习题。

附：板书设计略。

 注意事项

1. 制订培训计划要符合实际，具有可操作性。

2. 教学时注意语言的规范性、逻辑性。

3. 实施培训时要遵循理论联系实际、循序渐进等原则。

4. 课时授课计划要具备完整性、规范性、科学性。